東大教授親自傳授
文組輕鬆學

機率

監修
倉田博史
東京大學教養學部教授

人人出版

前言

　　我們的生活就是不斷在「做決定」。像是早上出門時決定要不要帶傘，工作時同樣要做各式各樣的決定。另外，一生中還會面臨要讀哪一所大學、要和某人結婚嗎（或是不結婚嗎）、要不要買房子、要不要動手術等一次又一次的重大抉擇，我們必須考量各種選項，經過深思熟慮再做出決定。

　　做決定之所以如此困難，是因為每個選項都各有「風險」。換句話說，風險就是「對未來的不確定性」。面對風險或不確定性，我們能做的就是藉由「機率」這個數字來客觀評斷其蓋然性的高低。實際上，我們身邊就充斥著降雨機率、錄取機率、5年存活率等各種機率，以作為決策時的參考依據。我認為去理解這些數字從何而來，能讓我們做出更正確的決定，為更美好的人生奠定基礎。

　　本書可作為理解這門學問的第一步。透過書中人物的對話，就能大致學會機率的基礎知識，建議讀者在閱讀時務必跟著一起動手計算。相信這樣的方式有助於自然而然地理解排列、組合、加法定理、乘法定理等高中數學程度的機率。希望透過本書獲得的知識，能在您面臨工作或生活上的抉擇時有所助益。

監修

日本東京大學 研究所綜合文化研究科暨教養學部 教授

倉田 博史

目次

第 1 節課 什麼是機率？

STEP 1
日常生活中的各種機率

第2節課 學會基礎的機率計算！

STEP 1

機率的暖身運動 ── 掌握「所有可能狀況」

STEP 2

試著計算機率吧！

STEP 3

進一步計算所有可能狀況！

第 **3** 課節 挑戰進階版機率！

STEP 1

計算賭博相關的機率

STEP 2
試算各種讓人意想不到的機率！

登場人物

倉田博史 老師

在東京大學
教授統計學及機率論

不擅長數學的
高一文組男

第 **1** 節課

什麼是機率？

STEP 1

日常生活中的各種機率

機率這門學問對生活有什麼幫助呢？本單元將介紹令人意想不到的功用，以及在日常生活中可能遇到的各種機率。

機率代表某件事情有多容易發生

老師，我今天來找你是因為想了解機率！
聽說要是懂機率的話，賭博的時候比較占便宜！
我要成為機率高手，靠這個賺大錢！
（哇哈哈）

呃，可是我覺得等你學會機率以後，一定就不會想去賭博了……。

不過沒關係啦，接下來我會詳細告訴你關於機率的知識！

其實不只是賭博，機率在日常生活中也很常見。

機率這個詞平常的確滿常用到的。

像是每天都會在新聞看到**降雨機率**，有時也會提到**地震發生機率**。

雖然覺得自己大概知道是什麼意思，但是

機率到底是什麼啊？

你問機率是什麼嗎？簡單來說就是**用數字來表示某件事情有多容易發生**。

有多容易發生？

世上充滿各種**偶然發生的事**，未來究竟會發生什麼事，大概「只有老天爺才會知道」。但是透過數學運算、分析過去曾發生過的事，就可以用數字來表示「某件事情發生的可能性有多大」，我們稱之為**機率**。

某件事情發生的可能性有多大啊……。

沒錯。機率是用 **0～1 之間的數字**來表示。
越接近 0 代表越不容易發生，越接近 1 代表越容易發生。也常會使用像 $\frac{1}{2}$ 這樣的**分數**，或者是 50% 之類的**百分率**來表示。

像是「2 分之 1 的機率」或「降雨機率 50%」之類的嘛。

機率可分為「古典機率」與「統計機率」

嚴格來說，機率可以分成好幾種。
學校所教的，主要是所謂的**古典機率**（classical probability）。

古典機率？

對，這是**透過數學理論計算所求出的機率**。例如，我們來算算看擲骰子**擲到偶數點的機率**。假設骰子的形狀完全對稱，每個點數出現的可能性也都一樣。
骰子有 1～6 共六個點數，其中的 2、4、6 三個點數為偶數點，因此可以算出**擲到偶數點的機率**是 $\frac{3}{6} = \frac{1}{2}$，這就是古典機率。
古典機率的詳細計算方式會在第 2 節課說明。

這樣的話根本超簡單的啊！

這裡的重點在於，骰子的每個點數都一樣容易出現。只要稍微有一點偏差，就無法透過計算來求出機率了。

話雖如此，在這種情況下，還是有方法可以大概知道擲出某個點數的可能性。

咦？無法透過計算得知的時候也行？

對。方法就是擲好幾次骰子，**透過統計數據求得擲出某個點數的機率。**

假設擲 1000 次骰子，其中有 400 次出現偶數的話，那麼骰子出現偶數點的機率就是 $\frac{400}{1000} = \frac{2}{5}$。

這種機率叫作**統計機率**（statistical probability）。

可以用以下公式求得。

$$統計機率 = \frac{實際發生次數}{總嘗試次數}$$

也就是根據實際的過去數據來求算機率囉。

感覺好像比古典機率簡單。

是啊！這在無法透過計算求出機率時非常重要。
只要狀況沒有改變，我們就能預想從大量統計數據得到的
特定事件機率在今後也會相同。可是一旦狀況有了變化，
統計機率就沒什麼意義了。

原來如此。
那像棒球的**打擊率**也屬於統計機率嗎？

沒錯。
打擊率就是擊出安打的機率，是根據打者過去的成績計算
出來的。
假設在100個打數中擊出了30支安打，30÷100＝0.3，**打
擊率就是3成**。
我們並不曉得打擊率3成的打者今後是不是也能夠維持同
樣的水準持續發揮，但是至今以來擊出大量安打、打擊率
高的打者，感覺就比打擊率低的打者更有機會擊出安打，
對吧？

的確如此。

本書在第 1 節課主要介紹的是**根據統計得到的機率**。我會介紹許多生活中常見的機率，你不用想得太複雜，只要多認識各種機率就好。

好的！

到了第 2 節課，我會介紹**古典機率**的計算方式。如果你幹勁十足，想要一鼓作氣學會如何計算機率的話，也可以從第 2 節課開始讀起。
對了解賭博有幫助的，是第 2 節課開始介紹的古典機率喔！

我要從第 1 節課學起！

被雷打到的機率是「851萬3500分之1」

我要介紹的第一個常見機率是**被雷打到的機率**。

嗯？我覺得這一點也不常見啊……。
不過我很怕打雷耶，只要聽到轟隆隆的雷聲，我就會趕快躲到建築物裡。
被雷打到的機率大概是多少呢？

 根據日本警察廳公布的《警察白皮書》，在2000年～2009年這十年內，因雷擊而死亡、失蹤、受傷的人數加起來有 **148人**。

 十年148人，意思是**一年平均有14.8人**被雷打到嗎……。

 沒錯。
日本的總人口數大約是**1億2600萬人**。
用這些數據來計算被雷打到的機率，算式如下。

算式

$$14.8 \div 1 \text{億} 2600 \text{萬} \fallingdotseq \frac{1}{851 \text{萬} 3500}$$

算式說明

雷擊每年造成的平均死傷人數 ÷ 總人口
= 一年內被雷打到的機率

也就是說,在日本一年內被雷打到的機率
大約是 $\frac{1}{851 \text{萬} 3500}$。

這代表一年內每851萬人之中就有1人被雷打到嘛。
原來實際上被雷打過的人,真的沒有很多啊⋯⋯。

沒錯。
我們再來看看美國的數據。
美國在2009年至2018年這十年內,雷擊造成的死傷人數是
每年平均**270人**。美國的人口大約是3億3000萬人,因
此一年內被雷打到的機率就像下面這樣。

$$270 \div 3 \text{ 億 } 3000 \text{ 萬 } = \frac{1}{122 \text{ 萬 } 2000}$$

 所以在美國被雷打到的機率是 $\frac{1}{122 \text{ 萬 } 2000}$ 。

 每122萬2000人之中就有1人嗎⋯⋯日本是每851萬人之中有1人，這樣看來是日本的機率比較低耶！

遇到火災的機率是「1426分之1」

 我們再往下看吧。接下來是**遇到火災的機率**。

 對了，我家附近上禮拜剛好就發生過一場小火災！
火災也好恐怖喔。
而且感覺遇到火災的機率比被雷打到還要高。

 根據日本消防廳公布的數據，2017年日本的總火災數是**3萬9373起**。
單純除以365天的話，等於**一天約有108起**火災發生。

 一天內至少有100起火災!? 那很多耶。

是啊。我們來算算看一年內遇到火災的機率吧。

遇到火災的機率是用全年的總火災數除以全國的戶數來計算。

日本全國的總戶數是5615萬3341戶（2018年1月1日時的數據），因此機率可以按照以下方式計算。

算式

$$3萬9373 \div 5615萬3341 \fallingdotseq \frac{1}{1426}$$

算式說明

全年總火災數 ÷ 全國總戶數
　　　　　＝一年內遇到火災的機率

一年內遇到火災的機率是 $\dfrac{1}{1426}$。

1426 戶之中會有 1 戶遇到啊……。
機率比我想像的還要高耶。

順便告訴你，火災原因的第一名是抽菸，第二名是縱火，第三名是爐具起火。

嗯……必須多加防範火災才行。

出車禍的機率

再來是**出車禍的機率**。

我還不能開車，不用怕啦！

不對喔，話可不能這樣說。
走在路上也有可能被車子撞到，騎腳踏車摔倒也不罕見啊。

是沒錯啦。
就算沒有機會開車，還是得小心各種交通事故。

2018年的交通事故死傷人數是**52萬9378人**。用這個數字除以日本人口**1億2600萬人**，就可以算出機率。

算式

$$52萬9378 \div 1億2600萬 \fallingdotseq \frac{1}{238}$$

算式說明

2018年的交通事故死傷人數÷總人口
＝一年內因交通事故受傷或死亡的機率

所以**大約每238人之中會有1人**在一年內因為交通事故傷亡。若是以百分比來表示的話，$\frac{1}{238} \times 100$**大約是0.4%**。

 唔，這算多還是算少呢？

 我們就用這個數字來計算看看，在80年內至少遇到一次交通事故而因此傷亡的機率吧。

如果讀過第2節課的內容，應該就會知道該如何計算。不過因為這題比較難，所以先大概說明一下就好。

首先，一年內不會遇到交通事故的機率是$1 - \frac{1}{238}$，至於80年內都不會遇到交通事故的機率則是$\left(1 - \frac{1}{238}\right)^{80}$。

$$\left(1 - \frac{1}{238}\right)^{80} = 0.71$$

 由此可知，80年內都不會遇到交通事故的機率就是$0.71 \times 100 = 71\%$。

 ## 略多於70%的人都不會出車禍嗎？

 反過來說，$100\% - 71\% = 29\%$，代表有29%的人在80年內至少會遇到一次車禍，也就是說……**每4人之中就有超過1人會遇到車禍。**

好多！　突然覺得隨時出車禍也不奇怪了！

 是啊，所以一定要小心。

不過，這個機率是根據2018年的交通事故死傷人數計算出來的數值，倘若狀況有變的話，機率也會跟著改變。

以前的交通事故死傷人數更多，所以機率應該更高。

猜拳時出布取勝的機率不是３分之１

 那麼，接著我們來研究**猜拳的機率**吧。

一次決勝負的話，出布猜贏的機率是多少呢？

 這太簡單了！　我出布的話，如果對方出石頭就是我贏；對方出剪刀就是我輸；對方出布就是兩方平手嘛！

只有當對方出石頭的時候我才會贏，所以機率是 $\frac{1}{3}$！

 非常好，太優秀了！

但正確答案**實際上並不是** $\frac{1}{3}$ 喔。

 怎麼可能！

曾經有一項實驗，找來了725人進行1萬1567次猜拳。

 1萬多次!? 那結果如何？

 大家在猜拳時出剪刀、石頭、布的機率其實存在些微差異。在這項實驗中，石頭共出了4054次，布共出了3849次，剪刀共出了3664次。

若分別計算石頭、布、剪刀的獲勝機率，結果如下。

算式

出石頭的機率 ＝ 布贏的機率
$$= 4054 \div 11567 \fallingdotseq 35\%$$

出布的機率 ＝ 剪刀贏的機率
$$= 3849 \div 11567 \fallingdotseq 33\%$$

出剪刀的機率 ＝ 石頭贏的機率
$$= 3664 \div 11567 \fallingdotseq 32\%$$

 竟然是布贏的機率最高!!

哇，知道這件事太有幫助了。

我通常都先出剪刀，從今以後要改成先出布了！

不過差距只有一點點而已啦。
有個名叫日本猜拳協會的組織也發表過，一般人猜拳時先
出石頭的機率比較高。不過他們提出的理由和機率無關，
而是主張石頭的手勢最好比、握拳的手勢容易讓人聯想到
勝利等等。

嘿嘿嘿，
這樣我猜拳就能百戰百勝了！

機率只有35％，所以你還是有65％的機率贏不了喔。

下一個要談的是**死亡率**。

也就是死亡的機率嗎？

對，沒錯。
以20歲的死亡率為例，就是把在20～21歲之間死亡的人數除以20歲人口的總存活數求得。
日本厚生勞動省及**日本精算學會**等單位都會調查並公布各年齡的死亡率。

20歲的死亡率大概是多少呢？

根據日本精算學會公布的數字，2018年時日本20歲男性的死亡率是**0.059%**。
也就是每10萬人中有59人死亡。

聽起來不算多啊。

是啊。
但隨著年齡增加，死亡率也會大幅上升。40歲的死亡率是0.118%，60歲的死亡率則是0.653%。

嗚哇，60歲的時候一下變好高耶。

沒錯。從下方圖表就可以看出各年齡死亡率的變化走勢。

日本男性在各年齡層的全年死亡率（2018年）

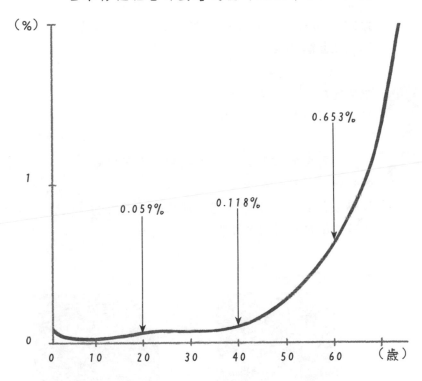

話說回來，死亡率對於**壽險**而言是非常重要的數字。

所謂的壽險，就是如果在保險期間內死亡的話，就能得到理賠的制度對吧？

對，沒錯。

保險公司向保戶收取一定的**保費**，當被保險人死亡時，受益人可以得到一筆保險公司理賠的**保險金**，這就是所謂的壽險。

保險公司為了避免虧錢，會根據各年齡的死亡率進行計算，藉此制定保費。

根據死亡率計算保費？

具體來說是在計算什麼呢？

就是計算要向保戶收取多少保費，才足以支付保險公司必要的支出。

保險公司必要的支出包括了理賠給受益人的保險金，以及維持公司營運所需的經費。

呃，還是聽不太懂。

那我再講得更具體一點。舉例來說，有一張為期一年的壽險保單，在保險期間內死亡的話，就可以獲得**1000萬日圓**理賠。

假設各年齡都有**10萬人**投保。

一年內死亡的話要理賠1000萬……。

如果是20歲男性，**全年死亡率是0.059%**，因此可以預測10萬名被保險人中會有59人死亡。

如此一來，保險公司理賠的保險金總額就是**59人×1000萬日圓＝5億9000萬日圓**。

先不考慮利息及保險公司的經費等因素，這5億9000萬日圓便是由10萬名保戶一同分攤。

因此每名保戶的平均保費就是**5900日圓**。

那我懂了，原來保費是這樣決定的啊。

既然年紀大的人死亡率比較高，那保費也會比較貴囉？

嗯，就是這樣。

如果使用相同的方式來計算40歲、60歲的保戶，那麼40歲的每人平均保費是1萬1800日圓，60歲則是6萬5300日圓。

理賠給60歲保戶的
保險金。
10萬人×0.00653
×1000萬日圓
=65億3000萬日圓

理賠給40歲保戶的
保險金。
10萬人×0.00118
×1000萬日圓
=11億8000萬日圓

理賠給20歲保戶的
保險金。
10萬人×0.00059
×1000萬日圓
=5億9000萬日圓

20歲保戶全體應負擔的保
費總額為5億9000萬日
圓。由10萬人分攤,每人
平均支付5900日圓

40歲保戶全體應負擔的保
費總額為11億8000萬日
圓。由10萬人分攤,每人
平均支付1萬1800日圓

60歲保戶全體應負擔的保
費總額為65億3000萬日
圓。由10萬人分攤,每人
平均支付6萬5300日圓

哇!到了60歲,保費一下子提高好多喔。

是啊,沒錯。
不過,這還沒有將保險公司的經費等支出納入考量,所以
保費實際上還會更高。

原來壽險是保險公司在不虧錢的前提下,根據死亡率設計
出來的制度啊。

死因為癌症的機率大約是27%

 剛才看了各年齡的死亡率，那主要的死因大概有哪些呢？

 既然你提到了，那我們就來看一下2019年各種死因的死亡人數資料吧。
下表是厚生勞動省公布的數據。

死因排名與死亡人數

死因	排名	死亡數（人）
所有死因	－	1 381 098
惡性新生物（腫瘤）	1	376 392
心臟疾病（高血壓除外）	2	207 628
衰老	3	121 868

厚生勞動省　2019年人口動態統計月報移動年總數（概數）的概況資料
根據「不同性別的死因排名與死亡數、死亡率（每10萬人）」

 惡性新生物……果然是**癌症**遙遙領先耶，和第二名的心臟疾病差距好大。

對啊。

那我們來算算看死因是癌症的機率有多少。

將癌症的死亡人數除以死亡總數,就能夠算出死因是癌症的機率。

$$\frac{376392}{1381098} \fallingdotseq 0.27$$

在所有死因當中,癌症占了**大約27%**。

也就是大約每3～4人就有1人死於癌症。

每3～4人之中就有1人啊……,其實滿多的耶。癌症果然很可怕。

就算降雨機率是100％也未必會下大雨

可怕的話題先到此為止吧!

接著來看**天氣預報的機率**。

說到機率,最容易聯想到的就是這個了!

我一直很納悶,天氣預報說的「**降雨機率60％**」等等到底是怎麼算出來的。

 天氣預報基本上是利用**電腦**進行計算。
氣象單位會透過**探空氣球**進行定期觀測、以**雷達**觀測雨
雲狀況，或是藉由**人造衛星**進行觀測等，來初步掌握目
前的大氣狀況。

 然後呢？

 掌握到目前的大氣狀況之後，再根據這些資訊計算數分鐘
後的大氣狀況。然後就能以該計算結果為基礎，接著算出
再下一個數分鐘後的狀況。
之後就是不斷重複整個過程，**計算**出今天、明天、後天、
1週後的大氣狀況。
由此得知的未來大氣狀況左右了降雨機率等數據。

喔喔，原來如此。
假設降雨機率是60％的話，代表整個地區有60％會下大雨的意思嗎？

這裡說的**降雨**，是指降下降水量**1毫米以上**的雨。
所謂降雨機率60％，就是在預報期間內**若有100次相同的大氣狀態，其中會有60次出現1毫米以上的降水機會**。

嗯，所以是有60％的機率會降下1毫米以上的雨，對嗎？
只要有1毫米以上都算下雨的話，雨勢或大或小都沒有關係囉？

沒錯。

不過，有時候降雨機率明明是100％，結果竟然沒下雨耶。
為什麼預報說100％會下雨，實際上卻沒有下呢？

天氣預報會將個位數四捨五入，即便計算結果是95％，仍會播報為100％，所以實際上是有可能不會下雨的。
反過來說，即便降雨機率有4％也會報成0％，所以就算是0％也有可能下雨。

總算懂了！ 原來是這麼一回事。

另外，氣象單位也會使用「**雨**」、「**陰陣雨**」等用語，來發布是否會下雨的預報。

那準不準呢？

下方圖表是**預測準確率的變化趨勢**。

氣象廳發布的「有雨」預報準確率

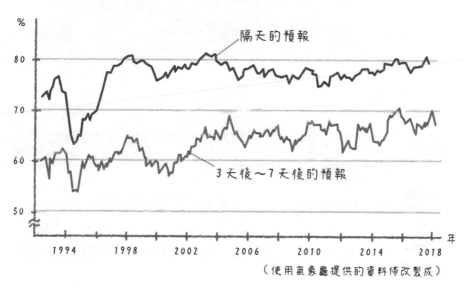

（使用氣象廳提供的資料修改製成）

隔天的預報準確率超過70％，可是3天後～7天後的預報
幾乎只有60％多耶。

是啊。**時間點離現在越近的天氣預報越準，離現在越遠的**
越不準。

39

真的耶，我的印象也是當天早上的天氣預報幾乎都很準，可是一週天氣預報就常常會變來變去。

今後30年內發生南海海槽大地震的機率是「70~80%」

第1節課最後要講的機率是**地震的機率**。

最近新聞常常在講「發生南海海槽地震的機率是多少多少」耶。

對。**南海海槽**是位於日本東海地區至紀伊半島及四國南方海域的巨大地震震源區。

一旦發生南海海槽地震，部分地區將會出現震度7的強烈搖晃，而且關東至九州地區有可能遭受高度超過10公尺的大海嘯侵襲。

在過去1400年內，南海海槽地震的週期大約是100～200年，而如今正處於隨時都有可能發生的時期。

 看來還是得先準備好防災用品，這樣才能隨時避難。
發生南海海槽地震的機率大概是多少呢？

 今後30年內發生南海海槽地震的機率是70％～
80％。

 哇，好高！
我今年16歲，所以在我50歲以前有可能會發生南海海槽地
震囉。
這個機率是怎麼算出來的？

41

這個比較難一點。首先，地震的發生機率可以用下方的圖表來表示。

圖表的縱軸代表各個時間點有多容易發生地震。等一下我會說明，將根據時間求出的面積換算成機率的過程。

這叫作**機率密度**（probability density）。圖表的橫軸就是經過的時間。

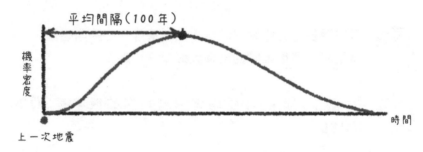

板塊間地震（平均間隔為100年時）

平均間隔（100年）

機率密度

時間

上一次地震

我完全看不懂！

例如，從現在起30年內發生地震的可能性，可以用下一張圖表中A部分的面積來表示。

將A的面積除以A和B的總和面積，就能求出一定期間內發生地震的機率。

這種地震機率分布稱為BPT（Brownian Passage Time）分布。

今後 30 年內發生地震的機率

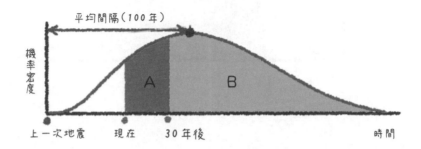

今後 30 年內發生地震的機率

平均間隔（100 年）

機率密度

A

B

上一次地震　　現在　　30 年後　　　　　　　　　時間

地震發生機率的算法

$$地震發生機率 = \frac{A}{A+B} \times 100$$

 原來如此。那南海海槽地震的機率也是用類似這種圖表算出來的嗎？

 沒錯。
在這個模型中，想求出機率的期間越長，機率就越高（次頁圖〔1〕）。
另外，如果已經一段時間沒發生過地震，機率也會變高（次頁圖〔2〕）。

[1]拉長想求出機率的期間時

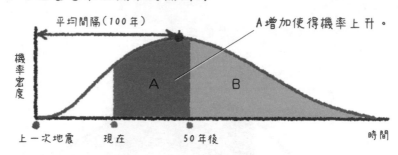

平均間隔（100年）

A增加使得機率上升。

機率密度

A　B

上一次地震　　現在　　50年後　　　　　時間

[2]已經一段時間沒發生過地震時

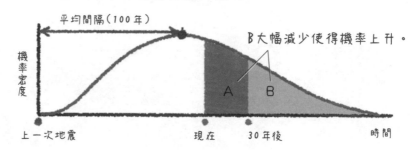

平均間隔（100年）

B大幅減少使得機率上升。

機率密度

A　B

上一次地震　　　　　現在　30年後　　　時間

在預測南海海槽地震的時候，還會搭配「**時間可預測模型**」來計算機率。

這個模型是當上一次地震的規模越大，到下一次地震發生的間隔就會越長。

搭配這個模型計算出來的南海海槽地震機率，即30年內為70～80％。

研究機率的始祖 **卡爾達諾**

義大利數學家卡爾達諾（Girolamo Cardano，1501～1576）是寫出史上第一本機率論著作的人。卡爾達諾嗜賭成性，甚至寫下了《論賭博遊戲》（*Liber de Ludo Aleae*）的論文，在他死後出版。

卡爾達諾1501年出生於義大利帕維亞，他的父親是米蘭的著名律師，同時也是具備幾何學等數學素養的知識分子，還與達文西（Leonardo da Vinci，1452～1519）有交情。

1524年時，卡爾達諾在帕多瓦大學取得了醫學學位。卡爾達諾也因為發現了斑疹傷寒而為人所知。除了醫學以外，他對天文學、物理學、數學等各種領域的學問都有興趣，亦有涉獵占星術及賭博。

賭骰子的合計點數時押 7 較有利

卡爾達諾在數學方面最著名的成就，是在其著作《大技術》（*Ars Magna*）中介紹了三次方程式的解法公式，並率先提出了虛數的概念。另外，卡爾達諾熱愛賭博，著有《論賭博遊戲》。在該書中，卡爾達諾解出了以下問題：「若要猜同時擲兩顆骰子所擲出的點數和，要下注哪個數字最有利？」

兩顆骰子都有可能骰出1、2、3、4、5、6之中的任何一個點數，因此兩顆骰子合計的點數共有6×6＝36種可能。卡爾達諾指出，骰子的點數和為7在這36種結果中占比最高（有6種）。由此可知「押點數和為7最有利」。

預言自己的死期

　　身為機率論的先驅且貢獻良多的卡爾達諾雖然熱衷於賭博，但他自己似乎也很清楚「賭博賺不到錢」，證據就是他曾經說過一句名言：「完全不要賭博才是賭徒最大的利益。」然而，卡爾達諾卻因為賭博而身敗名裂。他還預言了自己的死期，甚至為了證明其預言正確而絕食，最後死在了自己預言的那一天。

第 **2** 節課

學會基礎的
機率計算！

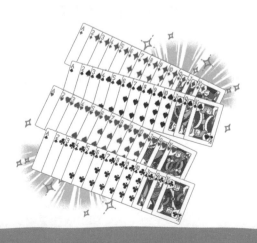

STEP 1

機率的暖身運動 ── 掌握「所有可能狀況」

想透過計算來求出機率時，關鍵在於掌握「所有可能狀況」，也就是知道「某件事有幾種可能」。以下將詳細說明各種情境下的「所有可能狀況」。

輪盤會連續26次開出偶數!?

第2節課就讓我們把重點放在**古典機率**，仔細思考機率究竟是什麼，又該如何計算機率。

只要搞懂古典機率，就能算出賭博贏錢的機率了，對吧！

沒錯。
開始上課前，我先來分享一個關於**輪盤**和機率的小故事。

輪盤……就是那個會轉呀轉的道具嗎？

對。
輪盤的盤面是由寫有數字0～36的**37個格子**組成，賭的是丟到輪盤上的球會滾進哪個格子。

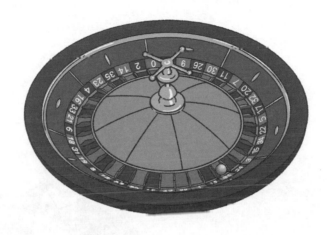

 最簡單的一種賭法，就是把0除外之後賭1～36的數字中
會開出**奇數**還是**偶數**。

如果從古典機率的角度來看，37個數字中偶數有18個，所
以開出偶數的機率是 $\frac{18}{37}$；奇數同樣有18個，所以開出奇
數的機率也是 $\frac{18}{37}$。

 嗯嗯。
所以不論是奇數還是偶數，開出來的機率都比一半低一點。

 正是如此。
不過，在1913年8月13日，**蒙地卡羅**某間賭場的輪盤發
生了令人難以置信的事──竟然**連續26次開出偶數**！

連開 26 次偶數～!?

也連續太多次了吧～。

這種事真的有可能嗎？

細節留到後面再說。總之，連開26次偶數的機率，可以透過連乘26次開1次偶數的機率求得。

經過計算，連開26次偶數的機率

大約是1億3700萬分之1！

$$\text{連開26次偶數的機率} = \left(\frac{18}{37}\right)^{26}$$
$$\doteqdot \frac{1}{1\text{億}3700\text{萬}}$$

哇～！

話說回來，如果已經連開15次偶數了，接下來你會怎麼下注呢？

偶數已經開15次了啊……。這個嘛，我應該會覺得偶數不太可能連開那麼多次，心想：**「下次一定會開奇數！」**而決定押奇數吧。

的確，大家通常都會這樣想。實際上，當時在場的賭徒們也是從大概連開15次偶數的時候起，覺得「下次一定會開奇數」而開始發了瘋似地押奇數。

可是後來仍一直開出偶數不是嗎？

對。所以到最後只有賭場是賺錢的。

太過分了吧！ 好奸詐！

不過，我希望你透過這個故事記住一件事：賭徒們的想法是**錯的**。

「已經開出很多次偶數了，所以下次一定是奇數」這種想法大錯特錯！

大錯特錯!?

對。就拿輪盤來說，不管之前開出來的數字是多少，下次開出偶數的機率一樣都是 $\frac{18}{37}$。

不可能因為已經連開多次偶數，導致下次開出偶數的機率下降。

這種情況稱為**賭徒謬誤**（The Gambler's Fallacy）或是**蒙地卡羅謬誤**（The Monte Carlo Fallacy）。

是喔，原來就算一直開出偶數，下次開出奇數的可能性也不會因此變高。

可是，為什麼會發生這種機率只有約1億3700萬分之1的「奇蹟」呢？

該不會是賭場**出老千**吧？

不對，不能這樣說。

我們再更深入地了解**機率與隨機性**的關係吧。

先不提剛才討論的輪盤，我們來看比較方便做實驗的**擲硬幣**吧。

這裡有一枚擲出正面、反面的機率都相等的硬幣。

正面是黑色，反面是紅色。

正　　　　反

也就是說，擲出正面、反面的機率都是 $\frac{1}{2}$ 對吧。

沒錯。那麼，請你擲這枚硬幣1000次，並將每次擲出來的結果是正面還是反面記錄下來。

嗄？　要擲1000次!?
擲完天都要黑了吧～！

加油！

天啊。
先來擲1次吧。嘿！
是反面。

 好，1次了。

 我去、我丟……。
總算擲完 **10次** 了。

10 次

 正面3次，反面7次。
咦，照理來說不是應該各5次嗎？
相差有點大耶。

 是啊。
那接下來以擲完 **100次** 為目標吧。

 救命啊。
我丟、再丟！
……總算擲完100次了。

100 次

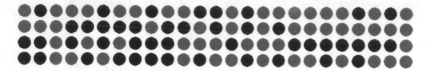

正面 45 次，反面 55 次。
只擲 10 次的時候反面明顯比較多，可是擲 100 次以後，就接近正反各半了！

那就再接再厲，繼續擲滿 **1000** 次吧！

嘎！ 我丟！ 我再丟！
……呼，終於丟完了。

結果如下。

1000 次

哇，**正面508次，反面492次！**

辛苦你啦。

正面是 $\frac{508}{1000}$（50.8%），反面是 $\frac{492}{1000}$（49.2%），由此可以看出比擲100次的結果更接近理論上的機率（＝50%）。

下圖節錄自第59頁的1000次實驗結果，可參照灰框的部分（10次）與紅框的部分（100次）。

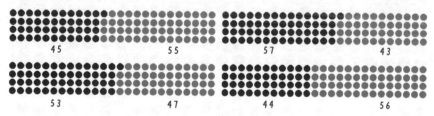

原來如此！

當次數越多，機率就會越接近兩者各半。

像這樣反覆進行好幾次某個隨機發生的事件，結果會逐漸趨近於原本預期的機率。

這就叫作**大數法則**（ law of large numbers ）。

大數法則是構成機率論基礎的**超重要法則**。

大數法則……。

一直不斷嘗試的話，就會接近理論上的機率啊……。

1000 次

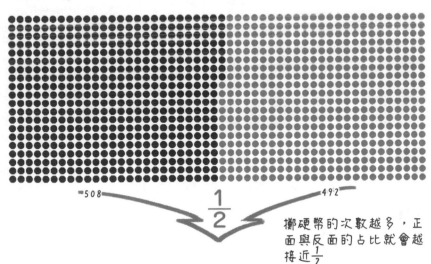

508　　　　492

$\dfrac{1}{2}$

擲硬幣的次數越多，正面與反面的占比就會越接近 $\dfrac{1}{2}$

如果擲的是一枚完全公正的硬幣，即使在擲的次數不多時偏離了原本預想的機率，**只要擲「無限多次」，理論上正面與反面的機率就會剛好各為 $\frac{1}{2}$（＝50%）。**

對了，你剛才在做實驗的過程中，有沒有遇到連續擲出正面或反面很多次，這種讓人覺得不太尋常的狀況？

這樣說起來……，我剛才曾經**連續擲出8次反面，堪稱奇蹟！**

8次的確是很難得，但如果擲上幾千萬次的話，連續擲出20次正面也不是不可能。就算機率小到只有1億分之1，只要次數夠多，**遇到了其實也很正常。**

啊！
這聽起來和**蒙地卡羅的輪盤**很像耶。

一點也沒錯！

輪盤「連開26次偶數」的例子，如果放眼到全世界每天開出無數次輪盤的結果，也不過是其中的滄海一粟罷了。

所以說，連開26次偶數乍看之下是非常偶然的奇蹟，但其實這件事發生在世界上任何一個角落都不足為奇。

原來如此。

所以並不是賭場出老千啊。

「所有可能狀況」在計算機率時很重要！

那你了解機率的基本概念 —— **大數法則**了嗎？

次數少的話有可能會偏離理論上的機率，但只要反覆嘗試很多很多次，就會大致符合理論上的機率，這樣說沒錯吧？我大概懂了。

很好，**完全正確！**

那我們接下來就要探討，實際上到底該如何計算機率。

終於要來**計算機率**了……。
好像很難耶，但我會努力跟上的！

簡單來說，古典機率是用以下公式計算。

重點！

古典機率

機率 = $\dfrac{\text{特定條件的所有可能狀況}}{\text{有機會發生的所有可能狀況}}$

 所有可能狀況？
國中的時候好像學過，又好像沒學過⋯⋯。

 所謂的所有可能狀況，是指當某件事情發生時總共會有幾種可能。

重點！

所有可能狀況 = 當某件事情發生時
總共會有幾種可能

 老師，我聽不懂。

 那就用具體的例子來說明吧。
例如，我們來思考一下，擲骰子**擲出奇數點的機率**。

骰子有六種點數，因此公式的分母「有機會發生的所有可能狀況」就是6種。

而公式的分子「特定條件的所有可能狀況」，在這個例子中就是出現奇數點的情況總共有幾種。奇數點有1、3、5，所以特定條件的所有可能狀況為3種。

接下來我們把數字代入前述的**古典機率公式**。

擲骰子擲出奇數點的機率

- 有機會發生的所有可能狀況
  = 所有點數的數量 = 6
- 特定條件的所有可能狀況
  = 奇數點的數量 = 3

算式

$$\frac{3}{6} = \frac{1}{2}$$

原來這麼簡單啊。

對吧？其實很簡單。

那就來練習一下：在一副撲克牌中放進2張鬼牌，然後隨機抽出1張牌，抽到鬼牌的機率是多少？

呃，撲克牌的4種花色黑桃、紅心、方塊、梅花各有13張牌，所以一副牌有13×4＝52張。再加上2張鬼牌的話，就是總共有54張牌。

要從這裡面抽1張出來，那有機會發生的所有可能狀況就是54種。

不錯喔。

鬼牌有2張，所以抽到鬼牌的狀況有2種。

也就是說，抽到鬼牌的機率是 $\frac{1}{27}$。

$$抽到鬼牌的機率 = \frac{鬼牌的張數}{撲克牌的總張數} = \frac{2}{54} = \frac{1}{27}$$

非常完美。

$\frac{1}{27}$ 大概是3.7％。

所以說，在計算機率的時候，必須先求出所有可能狀況有幾種。

擲三顆骰子最容易出現的點數和是10與11

機率在過去曾有一段時間與賭博關係密切。

在17世紀的義大利，賭徒們曾為了「擲三顆骰子時的點數和」傷透腦筋。

這個問題就是：**「擲三顆骰子時，點數和比較容易出現9還是10？」**

嗯……。

換句話說，就是三顆骰子的點數和**為9的所有可能狀況**與**為10的所有可能狀況**，哪一種比較多囉？

沒錯！　**孺子可教也～！**

那就來驗證一下吧。

首先，列出點數和為9的所有可能狀況。

三顆骰子的點數加起來是9的所有可能狀況，總共有（1，2，6）、（1，3，5）、（1，4，4）、（2，2，5）、（2，3，4）、（3，3，3）這**6種**。

的確如此。

每一組加起來都是9。

那點數和為10的所有可能狀況又有幾種呢？

加起來是**10**的所有可能狀況有（1，3，6）、（1，4，5）、
（2，2，6）、（2，3，5）、（2，4，4）、（3，3，4）。
一樣是**6**種。

三顆骰子點數和為9
的所有可能狀況

三顆骰子點數和為10
的所有可能狀況

6種 **＝** 6種

?

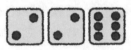

既然點數和為9的機率與為10的機率相同……。
就代表「擲出9和10的難易度是一樣的」囉！

嗯。但是賭徒們的經驗是「**感覺10比9容易出現**」。

是他們的錯覺嗎？還是計算沒有派上用場呢……？

就在這時候！ 義大利的科學家**伽利略**決定現身
說法，為煩惱的賭徒們解惑！

伽利略
（1564～1642）

咦，伽利略嗎!?

伽利略發現在計算點數和為 9 與為 10 的所有可能狀況時，**必須區分三顆骰子。**

區分三顆骰子？

這是什麼意思？

我們用單純一點的例子來說明好了。先來看看**只有兩顆骰子**時，是怎樣的情況。

擲兩顆骰子時，點數和**為 2 的所有可能狀況與為 3 的所有可能狀況**，分別有幾種呢？

嗯……2 的話只有（1，1），所以是 **1 種**。

至於 3 的話，應該也只有（1，2）**1 種**吧。

沒錯。

當沒有區分兩顆骰子時，就都只有 1 種。

有區分的話，結果就會不一樣嗎？

這樣好了，我們試著將兩顆骰子分成 A、B 看看。

如果點數和為 2 的話，就只有「A 是 1，B 是 1」這 **1 種**排列組合。

但點數和為 3 的話，就有「A 是 1，B 是 2」與「A 是 2，B 是 1」**2 種**可能了。

啊！

點數和為2時

A　B

點數和為3時

A　B

A　B

所以，擲兩顆骰子的時候點數和為3的機率的確比為2的機率高呢。

真的耶！

（1，2）這種組合看似只有1種，可一旦區分骰子來思考的話，就變成有（1，2）和（2，1）2種了耶！

沒錯！

所以，**不能只用點數的「組合」來思考某種點數和有多容易發生（機率）。**

我們回頭來看原本三顆骰子的問題吧。

要區分三顆骰子對吧？

對。

那麼，讓我們一一列出在區分骰子的前提下，**點數和為9的所有可能狀況以及為10的所有可能狀況**吧。

三顆骰子的點數和為 9

骰子的點數組合　　　　如果區分三顆骰子…

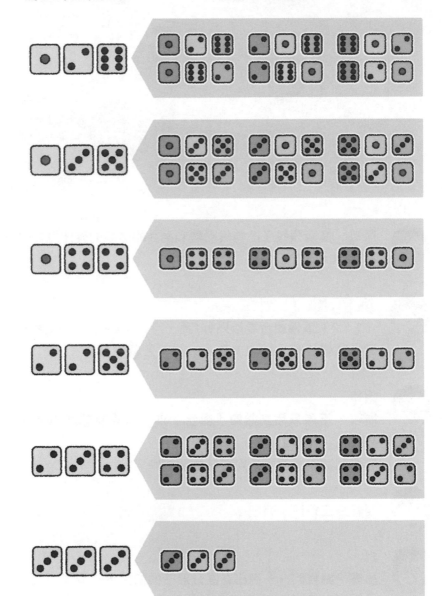

三顆骰子的點數和為 9 共有 25 種可能

三顆骰子的點數和為 10

骰子的點數組合　　如果區分三顆骰子⋯

三顆骰子的點數和為 **10** 共有 **27種** 可能

請看前一頁的圖。

舉例來說，點數和為9的（1，2，6）這個組合除了（1，2，6）以外，還有（1，6，2）、（2，1，6）、（2，6，1）、（6，1，2）、（6，2，1）這些情況，**總共6種**。

另一方面，（3，3，3）這個組合就只有**1種**而已。

原來如此，（1，2，6）的組合還可以分成多種情況，所以比（3，3，3）更容易出現囉。

就是這樣。

加以區分之後，點數和為9總共有**25種**可能。

比6種多出很多耶。

是啊。那我們再來看點數和為10的情況。

總共有**27種**啊。

點數和為9是25種，所以**是10比較多！**

正是如此。換句話說，擲三顆骰子時，**點數和為10比為9更容易出現！**

賭徒們的煩惱終於獲得解答了！

沒錯。這就是「排列」與「組合」的不同。

 ## 排列與組合？

 對。**排列**的意思是，例如1、2、6這三個數字放在一起時，**必須考慮到順序**。所以會將（1，2，6）和（1，6，2）視為不一樣的東西。至於**組合則不用考慮順序**。（1，2，6）和（1，6，2）都是同一種配對，順序並沒有影響。

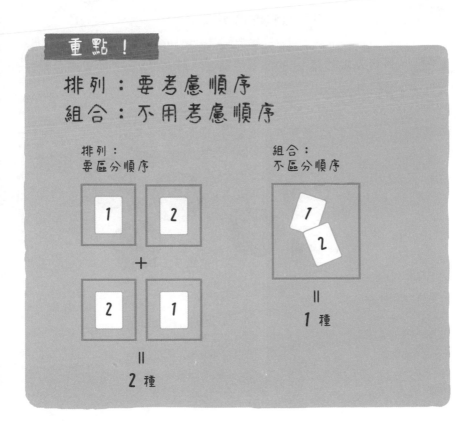

在討論機率或所有可能狀況時，必須謹慎判斷問題的情境，視情形決定該用排列還是組合的概念來思考。

可見當時的賭徒們並不知道「排列」與「組合」的差異。

區分「排列」與「組合」……。

嗯……好像很難耶。

順便告訴你，三顆骰子的點數和從最小的3到最大的18，如果將所有可能的情況都列出來，總共有**216種**。

所以點數和為9的機率是 $\frac{25}{216}$ ，為10的機率是 $\frac{27}{216}$ 。

最容易擲出的點數和是10嗎？

其實點數和為11的狀況也有27種排列組合，所以擲三顆骰子時最容易出現的點數和是**10和11**。

畫出樹狀圖就不會遺漏任何一種可能

嗯……排列跟組合還真難啊……。

先不論到底是排列還是組合，究竟要怎麼數才會知道有幾種可能啊？

你說「三顆骰子的點數和總共有216種可能狀況」，但我還是難以理解這個數字是怎麼來的。

難道是一個一個數出來的!?

不用緊張，放心。

接下來我會說明遇到排列組合的問題時，**求出所有可能狀況的方法**。不過這邊我只會介紹比較簡單的方法，至於詳細的計算方式等到STEP3再來說明，敬請期待。

我們先來思考有什麼方法，可以數出三顆骰子的點數和總共有幾種可能。

最直接的方法就是「把所有可能的點數寫出來」。

全、全部寫出來～!?

是像（1，2，4）、（1，2，5）這樣嗎？這也太累了吧？

而且一定會有不小心漏掉的……。

是沒錯。**所以呢！** 這時候就要畫出**樹狀圖**將所有的可能列出來，這樣就不怕遺漏囉！

樹狀圖～？

對。舉例來說，下圖是擲三顆骰子時，第一顆骰子擲出 1 的話，其所有可能點數的排列。
像這樣**有如畫樹枝般將所有可能的情況畫出來，就是所謂的樹狀圖。**

原來如此，這樣的話應該就不會有遺漏了。不過，這張圖只畫出了第一顆骰子擲出 1 時的狀況吧？一樣的圖如果還要再畫五次也挺累的呀⋯⋯。

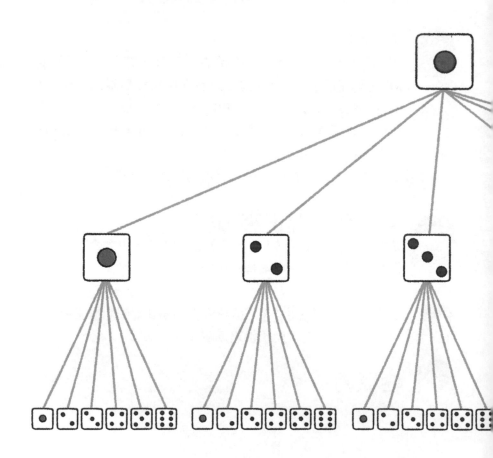

就是說啊。
不過，只要看了這張樹狀圖，就能夠輕易推測總共有幾種
可能了喔。

 沒有哇，我還是不懂！

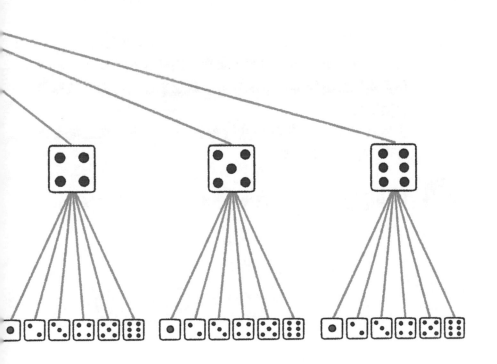

你再仔細看看這張樹狀圖。

第一顆骰子擲出 1 的話，第二顆骰子的點數共有 **6 種**可能對吧？再來，第三顆骰子的點數一樣有 **6 種**可能，分支就是這樣畫出來的。

從而可以得知，當第一顆骰子擲出 1 時，剩下兩顆骰子的點數有 $6 \times 6 = 36$ 種可能。

既然第一顆骰子可能擲出的點數是 1～6，那麼擲三顆骰子的所有可能情況就是 $6 \times 6 \times 6 = 216$ 種！

什麼啊，這麼簡單。
只是把骰子點數的數量相乘而已嘛。

沒錯。至於為什麼只要這樣乘就好，看了樹狀圖應該就**一目瞭然**了吧？

畫樹狀圖可以列出所有可能的狀況，而且不會遺漏。

可一旦遇到更複雜的問題，畫樹狀圖就太花時間了，所以**在不畫樹狀圖的情況下，只靠計算便求出答案的方法就顯得很重要。**

想靠計算求出所有可能狀況需要一些技巧，等之後進入STEP3再一起說明。

好緊張⋯⋯。 感覺會很難，不過我會努力學習的。

近代科學之父 伽利略

　　義大利物理學家、天文學家暨哲學家伽利略（Galileo Galilei，1564～1642）在1564年2月15日出生於以斜塔聞名的比薩，為家中長子，父親是音樂家溫琴佐·伽利略（Vincenzo Galilei，1520左右～1591）。伽利略對數學深感興趣，是大學的數學教授。除了關於擲骰子時各種點數出現的機率之外，他也留下了不少研究成果。

修正亞里斯多德的理論

　　在伽利略身處的時代，人們對於古希臘哲學家亞里斯多德（Aristotle，前384～前322）提出的物體運動學說深信不疑，像是重物墜落的速度會比輕物還要快等等，但這個說法其實是錯的。而伽利略修正了亞里斯多德的理論，他主張物體墜落時的速度不會受到質量影響。

　　此外，他還自行製作出了當時才發明沒多久的望遠鏡，用來觀測天體。因而發現月球的表面凹凸不平以及木星有衛星的事實，這些都是天文學史上的重大發現。

與教會持續對立

　　伽利略支持哥白尼（Nicolaus Copernicus，1473～1543）提倡的「地動說」（heliocentrism，又稱日心說），否定既有的「天動說」（geocentrism，又稱地心說）。伽利略批判亞里斯多德學說及天動說的言行牴觸了基督教的教義，因此與教會產生對立。他在1633年遭判有罪，最終只得宣誓接受教會的主張。

伽利略於1642年去世，享年77歲。儘管生前留下了許多卓越的研究成果，但是去世之後卻無人能為他舉行公開的葬禮。直到伽利略死後350年的1992年，教會才承認錯誤並正式恢復其名譽。

STEP 2

試著計算機率吧！

想計算機率的話，一定要懂得運用「乘法定理」與「加法定理」。本單元將介紹如何運用這兩項定理來計算各種機率！

從賭博發現的乘法定理與加法定理

17世紀的義大利有**伽利略**進行三顆骰子點數和的研究，而在17世紀的法國，也有兩位偉大的數學家以書信交流的方式探究機率論。

他們就是**帕斯卡**（1623～1662）與**費馬**（1601～1665）。

帕斯卡
（1623～1662）

費馬
（1601～1665）

我有聽過帕斯卡！

帕斯卡發現了與流體壓力有關的**帕斯卡原理**，並且在許多領域都有貢獻。天氣預報常會聽到**百帕**這個大氣壓力的單位，便是以帕斯卡命名的。

原來不只物理學，帕斯卡和機率論也有關係啊。

「人是會思考的蘆葦」這句名言也是他說的喔。至於費馬則是以**「費馬最後定理」**而聞名於世的數學家。

費馬最後定理？

內容就省略不提了，總之這是在費馬死後才發表的定理之一。不過，記錄這項定理的筆記旁邊只寫了**「空白太小，寫不下證明方法」**這樣一句話，並沒有留下具體的證明過程。後來有許多數學家都試圖證明，然而經過了很長一段時間都沒有人成功。
直到**1994年**才有人證明出來！

好厲害！
費馬留下了一個花300多年才被解開的謎耶。

85

你說的沒錯。

好，剛才有點扯遠了。總而言之，正統的**機率論**就是從帕斯卡和費馬兩人之間往來的**信件**揭開序幕。

他們在信裡寫了些什麼呢？

簡單來說，就是關於**賭博**的事！

當時有一名愛好賭博的貴族名叫**默勒**（1607～1684），他向帕斯卡求教幾個有關賭博的問題，於是帕斯卡與費馬便透過信件討論，解決了這些問題。

以下是默勒提出的其中一個問題。

A 和 B 這兩個人進行賭局，由先贏 3 把的一方獲勝。

如果賭局在 A 贏了 2 把、B 贏了 1 把的時候中止了，該分別退還 A、B 多少賭金才算公平呢？

既然賭局中止了，只要把賭金**全額退還**給這兩人不就好了嗎？

 但是已經贏了２把的Ａ會嚥不下這口氣吧？反觀Ｂ明明已經快要輸了，卻因此幸運地撿回一條命。
於是帕斯卡和費馬便思考該怎麼做才能**公平退還賭金**。

 嗯……賭局都進行到一半了，有可能公平退還賭金嗎？

經過一番討論，帕斯卡和費馬得出以下的結論。

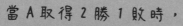

公平分配賭金的辦法

當 A 取得 2 勝 1 敗時，
A 先贏 3 把的機率是 $\frac{3}{4}$。
B 先贏 3 把的機率是 $\frac{1}{4}$。

從獲勝機率的高低來衡量，
以 3:1 的比例分配賭金才公平！

 ## 以 3:1 的比例分配賭金……。
為什麼會是這個結果？

 讓我來詳細說明吧，請看右圖。假設每一把 A 贏、B 贏的機率都是 $\frac{1}{2}$，那麼 A 在實際上沒有賭的第 4 把獲勝的機率也是 $\frac{1}{2}$。
如果 A 在這一把贏了，賭局便分出勝負了。

 ## 嗯嗯。

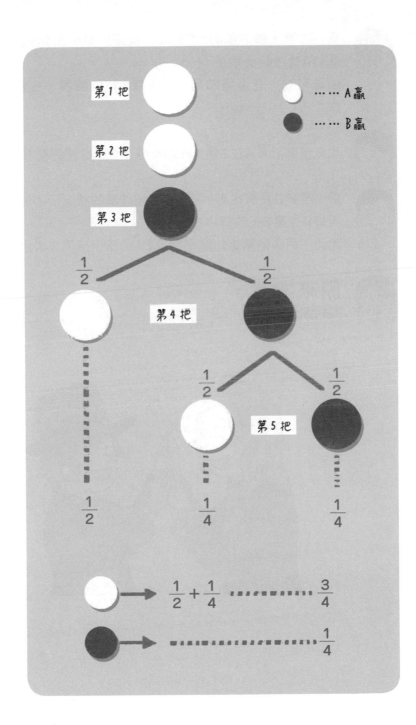

另一方面，倘若第4把是B贏，就要比第5把才能決勝負，此時A獲勝的機率是 $\frac{1}{2} \times \frac{1}{2} = \frac{1}{4}$ 。

由此可知，在這場賭局中A先贏3把的機率，便是兩者相加： $\frac{1}{2} + \frac{1}{4} = \frac{3}{4}$ 。

也就是要計算A在2勝1敗的狀態下先贏3把的**機率**囉。

對。至於B只有在第4把、第5把連贏的狀況下才能取勝。

所以B先贏3把的機率是 $\frac{1}{2} \times \frac{1}{2} = \frac{1}{4}$ 。

因此，兩人的賭金加起來用**3：1**的比例分配是最適當的。

原來如此。

問題圓滿解決了！

我們回頭看一下剛才的計算。

A輸了第4把，但贏下第5把的機率是用 $\frac{1}{2} \times \frac{1}{2}$ 求出來的對吧？

像這樣**不會影響彼此機率的多個狀況（獨立事件）同時連續發生的機率，可以藉由將各個狀況發生的機率相乘而得。**

本書中稱之為**乘法定理**。乘法定理其實滿常見的，這邊提到的是獨立事件的乘法定理。

重點！

乘法定理

不會影響彼此機率的多個狀況連續發生的機率

→將各個狀況發生的機率相乘而得

範例

A輸了第 4 把，但贏下第 5 把的機率＝

$$\underset{\substack{\text{A輸掉第 4 把}\\\text{的機率}}}{\frac{1}{2}} \times \underset{\substack{\text{A贏下第 5 把}\\\text{的機率}}}{\frac{1}{2}} = \frac{1}{4}$$

至於Ａ最終取勝的機率，是將Ａ贏下第4把而勝負底定的機率$\frac{1}{2}$，以及Ａ贏下第5把才獲勝的機率$\frac{1}{4}$相加而得。

像這樣**在不可能同時發生的多個狀況（互斥事件）中發生任一狀況的機率，可以直接將相關的機率相加而得。**

這叫作**加法定理**。

重點！

加法定理

在不可能同時發生的多個狀況中，發生任一狀況的機率

→將各個狀況發生的機率相加而得

範例

Ａ最終取勝的機率＝

Ａ贏下第4把　　Ａ贏下第5把
而勝負底定　　　才獲勝
的機率　　　　　的機率

$$\frac{1}{2} \ + \ \frac{1}{4} \ = \ \frac{3}{4}$$

該用乘法定理還是加法定理啊。
很難判斷耶。

 就以剛才的賭局為例，來**練習**加法定理和乘法定理吧。
原本的問題是賭局在A為2勝1敗的時候中止了，這次我們就來思考看看，如果賭局是在A為 **2 勝 0 敗** 的時候中止，情況又會變得如何。

 一樣是先贏3把的人獲勝嗎？

 對，沒錯。
要請你算算看，A在2勝0敗的狀況下先贏3把的機率。

 呃，這個嘛……？ 我完全不會。

 那給你一個**提示**。
所謂A先贏3把有以下3種可能。

---

① A贏下第3把

② B贏下第3把，A贏下第4把

③ B連贏第3把與第4把，A贏下第5把

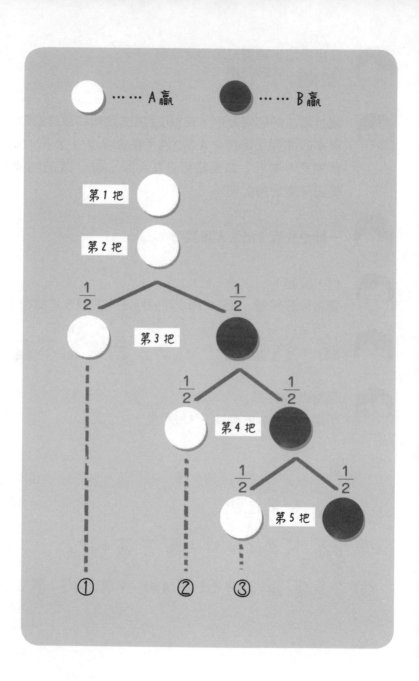

如果纏鬥到第5把而且由B贏下，B就會獲勝。
現在請你分別算出①～③的機率。

嗯……①我好像知道。
A贏下第3把的機率就是單純的 $\frac{1}{2}$ 對吧？

> ① A 贏下第 3 把的機率
>
> → $\frac{1}{2}$

可是②和③太複雜了，我不知道怎麼算……。

其實沒有你想的那麼難喔。我們先來看②。
B贏下第3把的機率是 $\frac{1}{2}$。
然後A贏下第4把的機率是 $\frac{1}{2}$。
我們要求B贏下第3把且A贏下第4把的機率，這時候要用
乘法定理。
因此，可以用 $\frac{1}{2} \times \frac{1}{2}$ 求得。

> ② B 贏下第 3 把且
> A 贏下第 4 把的機率
>
> → $\frac{1}{2} \times \frac{1}{2} = \frac{1}{4}$

原來是這樣啊！

 那③的B連贏第3把與第4把，後由A贏下第5把的機率，
就請你來算囉。

這和②一樣，要使用**乘法定理**。

 嗯……B贏下第3把的機率是 $\frac{1}{2}$，B贏下第4把的機率也是
$\frac{1}{2}$，然後A贏下第5把的機率一樣是 $\frac{1}{2}$。

這些是連續發生的事情，所以是 $\frac{1}{2} \times \frac{1}{2} \times \frac{1}{2} = \frac{1}{8}$，
對吧！

③ B 連贏第 3 把與第 4 把，
A 贏下第 5 把的機率

$$\rightarrow \frac{1}{2} \times \frac{1}{2} \times \frac{1}{2} = \frac{1}{8}$$

 沒錯，正確答案！
我們把這些過程畫成圖吧。

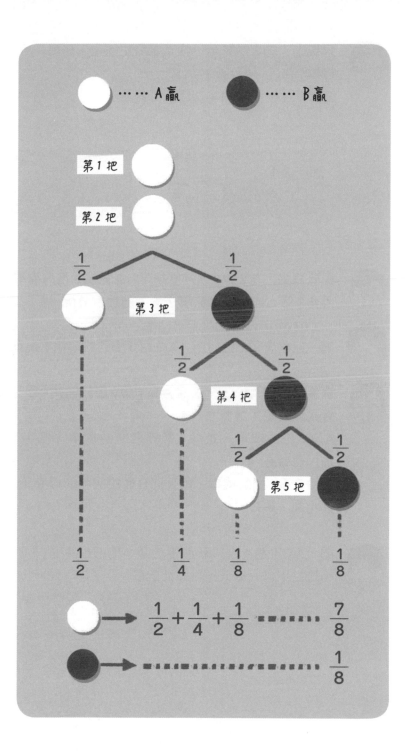

只要①～③之中任何一種情況發生就是A先贏3把！所以這裡要**運用加法定理**。
直接把①～③的機率加起來就好了。

$$\frac{1}{2} + \frac{1}{4} + \frac{1}{8} = \frac{7}{8}$$

由此可知，在2勝0敗的狀態下，A先贏3把的機率是$\frac{7}{8}$。
因此2個人的賭金應該用**7：1**的比例分配。

喔，已經贏了2把的話，A先贏3把的機率相當高耶。

最後來順便看一下，「當A為1勝0敗時賭局中止」的結果會是如何吧。請看右圖。
A贏3把的機率，是將A最終取勝的機率（紅字）全部相加，也就是$\frac{11}{16}$。
至於B贏3把的機率，則是將B最終取勝的機率（灰字）全部相加，等於$\frac{5}{16}$。

嗯，A在2勝1敗的狀態下先贏3把的機率是$\frac{3}{4}$（$=\frac{12}{16}$），相比之下這只有低一點點而已耶。

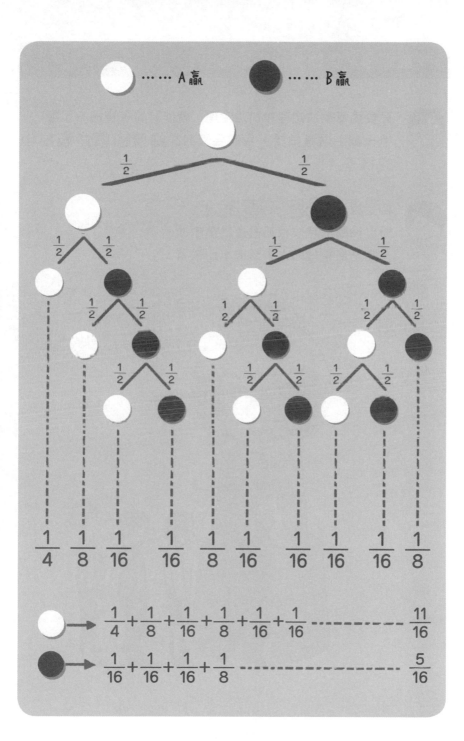

先抽獎還是後抽獎比較容易中?

只要搞懂乘法定理和加法定理,就能計算各種機率了喔。
下一個主題是抽獎,我們要來討論**抽獎的順序和抽中
的機率**。

俗話說,**好酒沉甕底!**
所以抽獎的時候我都盡量最後才抽。
一定是最後抽的人中獎機率比較高!

那我們就來看看吧。

假設有100個獎球，其中有99個是沒中獎、1個是中獎，抽中的話可以獲得**豪華夏威夷旅行！**

現在有100個人要來抽獎。

我一定要最後抽！

越後面抽的話，沒中獎的獎球就越少，所以盡量等到後面再抽比較有利！

夏威夷我來囉～！

呵呵呵，那我們就從第一個抽獎的人開始，依序計算他們中獎的機率吧。

首先，「第一個人中獎的機率」是多少？

咦！？100個獎球只有1個是中獎的，那不就是 $\dfrac{1}{100}$ 嗎？

沒錯！很好！

沒有啦，這不算難。

那再來，「第一個人沒中獎，第二個人中獎的機率」又是多少呢？

嗯……第二個人是接在第一個人後面抽，所以獎球總共有99個。中獎的獎球只有1個，所以第二個人中獎的機率是 $\dfrac{1}{99}$ 囉？

差一點！

請你回想一下不久前用過的乘法定理。

要輪到第二個人去抽獎，前提是第一個人沒中獎才行。所以計算方式是像下面這樣。

第一個人沒中獎　　第二個人中獎
　　的機率　　　　　　的機率

$$\frac{99}{100} \times \frac{1}{99}$$

 換句話說，第二個人中獎的機率是 $\frac{99}{100} \times \frac{1}{99} = \frac{1}{100}$。

 咦？ 跟第一個人中獎的機率一樣耶！

 接著來想想看「第三個人中獎的機率」吧。

 呃，所以要算前面兩個人都沒中獎，而第三個人中獎的機率……。

第一個人　　第二個人　　第三個人
沒中獎　　　沒中獎　　　中獎
的機率　　　的機率　　　的機率

$$\frac{99}{100} \times \frac{98}{99} \times \frac{1}{98} = \frac{1}{100}$$

咦？ 還是 $\frac{1}{100}$ 耶。

 我想你應該已經看出來了，類似的計算一直重複下去的話，**不管輪到第幾個人抽，中獎的機率都是 $\frac{1}{100}$**。
這叫作**抽籤原理**。

 # 原來好酒沒有沉甕底啊！

 呵呵。這個題目的重點在於「**抽出來的籤不會再放回去**」，所以抽100次的話，其中一定會有人中獎。
抽獎次數和中獎機率的關係如下。

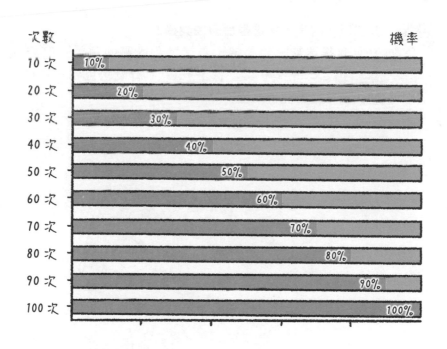

次數　　　　　　　　　　　　　　　　　　　機率

10 次	10%
20 次	20%
30 次	30%
40 次	40%
50 次	50%
60 次	60%
70 次	70%
80 次	80%
90 次	90%
100 次	100%

抽100次的話中獎機率是100%……。獎球有100個,其中1個是中獎的,所以這也是理所當然啊。

但是,如果「抽出來的籤會放回去」,情況就不一樣了。我們來看下面這個例子吧。

中獎率1%的手遊抽卡就算抽100次也有37%會慘敗

話說你知道**手遊抽卡**嗎?

知道啊,就是手機遊戲裡的抽獎機制。
其實我很迷某一款遊戲,為了抽到厲害的角色,**每個月都課了好幾千日圓**。有個角色我一直很想要,可是稀有到根本抽不到……。

原來你還課金啊……。
也太沉迷了吧。

遊戲說抽到我想要的角色機率是1％，可是我都課金抽了超過100次，也還是沒抽到啊！反而一直抽到很弱的普通角色……。
中獎率1％的抽卡抽100次的話，中獎率應該是100％不是嗎！？結果我還是沒抽中……，**難道這是詐騙!?**

你先冷靜一下。如果是手遊抽卡，條件就和剛才的抽獎不一樣了，沒有抽100次就一定會中獎這種事！

嘎!? 為什麼？

剛才的抽獎是抽出來的獎球不會再放回去。但是**手遊抽卡即使抽了卡（轉了扭蛋），卡的數量也不會減少，所以不管抽多少次，中獎機率都不會改變。**

這到底是怎麼一回事啊？

就來實際算一下抽100次卻1次也沒有中獎的機率吧。
抽1次沒有中的機率是 $\frac{99}{100}$，所以抽100次都沒有中的機率，可以用以下方式計算。

- 抽 1 次沒中獎的機率 $= \dfrac{99}{100}$

- 連抽 100 次都沒中獎的機率
  $= \left(\dfrac{99}{100}\right)^{100} \fallingdotseq 0.366$

 怎麼這樣！ 就是指單抽沒中獎,這種情況連續發生100次的意思囉!

 這也是乘法定理唷。

 0.366的話,代表……。

 意思是有大約36.6%的人就算抽卡100次,也沒辦法抽到稀有角色!

 所以我也是那36.6%的其中之一……。
太悲傷了吧!我的課金之路還看不到終點!

 那麼反過來說,進行100次抽卡,至少抽中1次的機率是多少呢?

 有36.6%的人全部落空,所以代表有100%-36.6%=**63.4%**的人在進行100次抽卡的過程中至少抽中1次,對嗎?不包括我就是了啦!

 哎唷，真是太優秀了。正確答案。
這叫作**餘事件**。

 餘事件？

 餘事件是指相對於某個狀況（事件）A，A 未發生的情形。
餘事件的機率可以用整體機率1（100%）減去某個事件發生的機率求得。
在剛才的例子中，進行100次抽卡至少抽中1次，就是100次全都落空的餘事件。

重點！

事件 A 的餘事件的機率
＝ 1 － 事件 A 的機率

 所以至少抽中1次的機率就是 1 － 0.366 ＝ 0.634。

107

中獎率1％的手遊抽卡就算抽100次，得到稀有角色的機率也只有**約63.4％**啊……。

 而且這和之前提到的抽獎不一樣，不管加碼抽多少次，中獎的機率都不會變成1（＝100％）。
這就是手遊抽卡可怕的地方。
下方圖表畫出了一般抽獎和手遊抽卡的抽獎次數與中獎機率之間的變化關係。

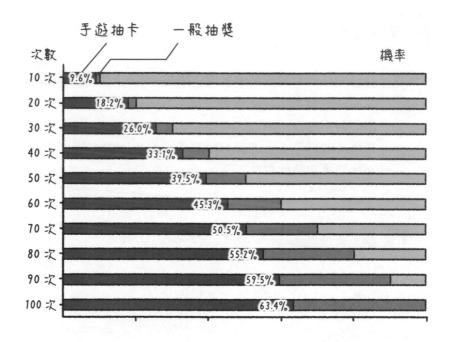

哇——！

一般抽獎隨著抽的次數越多，中獎機率也會隨之越高。

但是手遊抽卡卻是抽卡次數越多，中獎機率的增加幅度越少耶。

正是如此。

如果要讓中獎率1％的手遊抽卡其中獎機率拉到99％以上，

就必須抽459次以上。

我要是一直抽不中，**就會卯起來狂抽……。**

設計手遊抽卡的人算得可真精……，我得小心點了。

用餘事件計算應屆考上大學的機率

剛才講手遊抽卡的時候簡單介紹了餘事件，那我們再用餘事件來算另一種機率吧。

餘事件就是**某個事件不會發生**的意思對吧？

沒錯！

我們來解下面這個機率問題吧。

　　某名考生預計報考A、B、C、D、E、F六所大學。根據這名考生在校成績計算出來的各大學錄取機率，從A至F依序為30%、30%、20%、20%、10%、10%。

　　請問這名考生至少考上一所大學的機率是多少呢？

 嗯？
這題該怎麼解呢？

 其實有好幾種計算方式。
首先，第一種就是一個一個算，即所謂的「土法煉鋼」。

 土法煉鋼⋯⋯。

 現在要計算至少考上一所大學的機率，所以要將「考上A大學」、「A大學落榜→考上B大學」、「A大學落榜→B大學落榜→考上C大學」⋯⋯所有可能情況分開計算，然後再全部加總起來。
這和前面費馬和帕斯卡遇到的問題有點像。

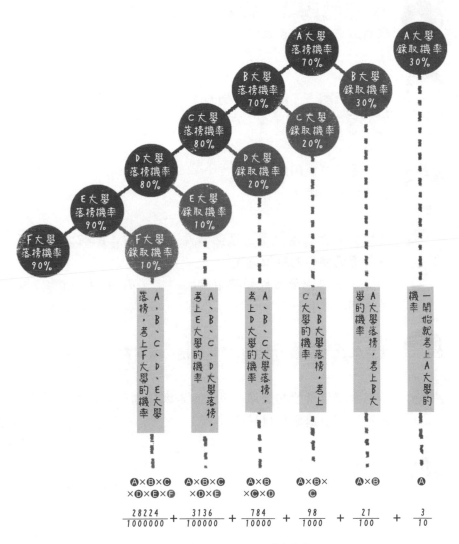

A大學
錄取機率
30%

A大學
落榜機率
70%

B大學
錄取機率
30%

B大學
落榜機率
70%

C大學
錄取機率
20%

C大學
落榜機率
80%

D大學
錄取機率
20%

D大學
落榜機率
80%

E大學
錄取機率
10%

E大學
落榜機率
90%

F大學
錄取機率
10%

F大學
落榜機率
90%

A、B、C、D、E大學落榜，考上F大學的機率

A、B、C、D大學落榜，考上E大學的機率

A、B、C大學落榜，考上D大學的機率

A、B大學落榜，考上C大學的機率

A大學落榜，考上B大學的機率

一開始就考上A大學的機率

$$Ⓐ×Ⓑ×Ⓒ \atop ×Ⓓ×Ⓔ×Ⓕ \quad Ⓐ×Ⓑ×Ⓒ \atop ×Ⓓ×Ⓔ \quad Ⓐ×Ⓑ \atop ×Ⓒ×Ⓓ \quad Ⓐ×Ⓑ× \atop Ⓒ \quad Ⓐ×Ⓑ \quad Ⓐ$$

$$\frac{28224}{1000000} + \frac{3136}{100000} + \frac{784}{10000} + \frac{98}{1000} + \frac{21}{100} + \frac{3}{10}$$

$$\fallingdotseq 74.6\%$$

我的媽呀！ 這樣太累了啦！
誰有辦法算那麼多次哇！

所以囉！
只要運用餘事件的觀念，計算就會變得超簡單！

咦？這裡要運用餘事件啊。
那要怎麼用呢？

「至少考上一所大學」這個事件，相當於「所有大學都落榜」這個事件的餘事件。
因此，先求出所有大學都落榜的機率，再用1（100％）減去這個機率就行了。

原來如此！不過，所有大學都落榜的機率要怎麼算呢……？

所有大學都落榜的機率，就是從A大學到F大學通通落榜的機率，到這邊還可以理解嗎？

原來如此！
考上A大學的機率是30％，所以落榜的機率就是70％（ = $\frac{7}{10}$ ）。
然後一一列出每間大學的落榜機率，再全部相乘就可以求出來了！
我來算算看！

所有大學通通落榜
的機率是？

A大學
落榜機率

$\dfrac{7}{10}$

×

B大學
落榜機率

$\dfrac{7}{10}$

×

C大學
落榜機率

$\dfrac{8}{10}$

×

D大學
落榜機率

$\dfrac{8}{10}$

×

E大學
落榜機率

$\dfrac{9}{10}$

×

F大學
落榜機率

$\dfrac{9}{10}$

‖

25.4%

錄取名單

101	123	137	150	160
104	125	138	151	162
105	129	139	155	163
108	132	141	156	166
109	133	144	157	167
110	134	147	158	170

所有大學都落榜的機率，**大約是25.4%**。

很棒喔！那至少考上一所大學的機率呢？

用100％減去所有大學都落榜的機率……。

至少考上一所大學的機率

整體　　　　　　所有大學
機率　　　　　　都落榜的機率
= 100% － 約 25.4% = 約 74.6%

大概是75%。

正確答案！
這和照第111頁土法煉鋼的方式計算得出的結果一樣。
但是運用餘事件的話，計算一下子輕鬆多了對吧？

省去了很多計算過程。
餘事件真方便！

話說回來，沒想到至少考上一所大學的機率有75％這麼多耶。明明每間大學分開來看的話，錄取機率頂多只有30％左右。

確實如此。
即使個別學校的錄取機率不高，只要多報考幾所大學，就計算上而言錄取機率的確會變高。

所以不能因為考上的機率低就輕言放棄，多報考幾間的話，即可壓低所有學校都落榜的機率囉？

對，沒錯。
這種**雖然個別的機率不高，可一旦湊在一起機率就會變高**是有可能發生的。

除此之外還有其他類似的例子嗎？

假設有一個工業產品是由100個零件所構成，只要其中有1個零件是不良品，就會導致產品無法順利運作。
如果每個零件是正常品的機率都是99％，那這個產品無法運作的機率（至少有1個零件是不良品的機率）即為 $1 - (\frac{99}{100})^{100}$，也就是**大約63.4％**。

哇！
單個零件是不良品的機率只有1％，可是當100個湊在一起時，無法運作的機率就會超過60％……。
原來1％也是會要命的！

那我們來挑戰一下幾個簡單的機率問題，順便當作之前的複習吧！

 不知道我行不行……。

問題

　　熱愛賭博的小明和他的朋友小華，在玩一個擲骰子猜點數的簡單遊戲。按照小明、小華的順序，兩個人輪流猜點數，先猜中的人就算獲勝。右表統計了擲完30次後，各點數的出現次數。「1點」一次都沒有出現過。

　　要擲第31次時，小明心想：「擲了30次都沒擲出1點，下一次總該是1點了吧。」

　　請問擲第31次擲出1點的機率究竟是多少？

好難……。不過我覺得我應該會。
首先，擲1次骰子沒擲出1點的機率是 $\frac{5}{6}$ 嘛。所以連續31
次都沒擲出1點的機率就是 $\left(\frac{5}{6}\right)^{31}$ 囉！

對。

骰子的點數	⚀	⚁	⚂	⚃	⚄	⚅
出現次數	0	5	6	8	3	8

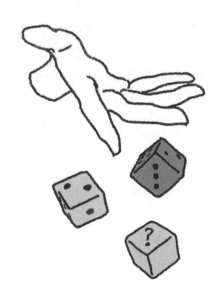

用計算機算（$\frac{5}{6}$）^{31}……算出來是0.35%。然後再用餘事件的概念來計算31次中至少擲出1次的機率，就是100%－0.35%＝99.65%。

前面30次都沒出現過1點，所以第31次出現1點的機率是99.65%！

擲出1點的機率超高耶！

哇！我完成了這麼難的計算，請叫我機率大師！

答 ── 錯了！　可惜！

你有個很大的誤會喔。

嗄？　為什麼？

我明明有照剛才學的努力去算啊，也有運用餘事件耶～！？

你還記得第2節課一開始教的東西嗎？

無論之前的結果如何，擲骰子時每個點數出現的機率永遠是$\frac{1}{6}$。

換句話說，就算已經連續30次都沒擲出1點，或者1點已經出現過很多次，在第31次擲出1點的機率**永遠都是**$\frac{1}{6}$。

原來啊！

可、可是，在第31次沒擲出1點的機率應該是（$\frac{5}{6}$）^{31}，大約0.35%吧？

0.35％是「連續31次都沒擲出1點的機率」，並不是第31次沒擲出1點的機率。

如果1點一直沒出現，往往會讓人以為下一次出現1點的機率會變高，但其實根本沒有這回事。

正是所謂的**賭徒謬誤！**

啊～！
完全被打敗了～。

好啦,打起精神來看第二題吧!

有一群人在玩傳話遊戲。參與遊戲的人會一個接一個傳「YES」或「No」給下一個人,而每個人正確傳話的機率是90%,傳錯的機率是10%。

請問當第一個人聽到「YES」,而第三個人聽到「No」的機率是多少?

哇 ── 這題好像很難……。
可以給點提示嗎？

請你回想一下帕斯卡和費馬遇到的問題。思考所有**會聽到「NO」的情況**，再求出各個機率就行了。

嗯……第三個人聽到「NO」代表……。

① 第一個人「NO」→
　　　　第二個人「NO」→第三個人

② 第一個人「YES」→
　　　　第二個人「NO」→第三個人

有這 2 種情況？

沒錯。
那就來分別計算每種情況的機率吧。

先來算①第一個人「NO」→第二個人「NO」→第三個人的機率。

第一個人一開始聽到的是「YES」，所以傳給第二個人「NO」的機率是**10%**，對吧？

然後第二個人正確傳給第三個人的機率是**90%**。

所以第二個人聽到「NO」，而且第三個人也聽到「NO」的機率……。

$$\frac{1}{10} \times \frac{9}{10} = \frac{9}{100}$$

 應該是**9%**。

 完全正確！ 這樣算就對了！

那接下來請你算**②**。

第一個人傳給第二個人「YES」的機率是**90%**。

第二個人傳給第三個人「NO」的機率是**10%**。

所以第一個人「YES」而且第二個人「NO」的機率是

$\dfrac{9}{10} \times \dfrac{1}{10} = \dfrac{9}{100}$，一樣是**9%**。

沒錯！ 也就是說，第三個人聽到「NO」的機率是？

唔，只要①或②其中一種狀況發生就會成立，所以應該要把兩個機率相加。

$$\dfrac{9}{100} + \dfrac{9}{100} = \dfrac{18}{100}$$

也就是說，第三個人聽到「NO」的機率是18%！

太完美了！
反過來說，聽到YES —— 也就是餘事件的機率是82%。

讚啦！

順便讓你看看，如果第四個人以後也是依據相同條件進行計算，則各個機率就如右表所示。**聽到「NO」的機率會逐漸逼近50%喔。**

咦，就算第一個人聽到「YES」，只要一直傳話下去，聽到「YES」或「NO」的機率就會變成各半喔！
真有意思！

	聽到「YES」的機率	聽到「No」的機率
第一個人	100%	0%
第二個人	90%	10%
第三個人	82%	18%
第四個人	75.6%	24.4%
第五個人	70.48%	29.52%
第六個人	約66.38%	約33.62%
第七個人	約63.11%	約36.89%
第八個人	約60.49%	約39.51%
第九個人	約58.39%	約41.61%
第十個人	約56.71%	約43.29%

⋮

	聽到「YES」的機率	聽到「No」的機率
第48個人	約50%	約50%
第49個人	約50%	約50%
第50個人	約50%	約50%

STEP 3
進一步計算
所有可能狀況！

本單元會更詳細說明如何求出STEP1介紹過的「所有可能狀況」。就來認識計算所有可能狀況時，一定要知道的「階乘」、「排列」、「組合」。

編號1～4的4張卡片有幾種排列順序？

 在第2節課的STEP1曾經提過，計算機率時，求出**所有可能狀況**是非常重要的環節。

> 所有可能狀況 = 當某件事情發生時
>   總共會有幾種可能

 所有可能狀況與機率的關係密不可分，所以現在要來詳細說明如何計算所有可能狀況。
不過，由於這部分的內容比較進階，如果覺得太難，也是可以跳過STEP3直接進入第3節課。

 嗚，很難喔……。
但我記得所有可能狀況可以用**樹狀圖**來數哇，難道派不上用場嗎？

的確，這個單元基本上也會用到樹狀圖。但是，遇到**更複雜的情況**或**變化太多**的時候，要畫成樹狀圖就是浩大的工程了。

所以呢！

STEP3 的目標就是「不依靠樹狀圖，要透過計算來求出所有可能狀況」！

靠計算求出來啊……是我最不擅長的……。

不過，**我還是會努力學習！**

STEP3 會以卡片的排列方式為例，幫助你了解計算所有可能狀況時必知的三個應用。

①階乘：4張卡片共有幾種排列方式？

②排列：若要從4張卡片中挑出2張，共有幾種排列方式？

③組合：若要從4張卡片中挑出2張，共有幾種挑選方式？

怎麼都是一些聽起來很難的詞！

我會一個一個仔細說明的，別擔心！

那就從**階乘**（factorial）開始講起吧。
首先來看這個問題。

這裡有編號 1～4 的 4 張卡片。
如果要用這 4 張卡片排出 4 位數字，
總共會有幾種排列方式？

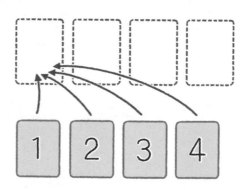

 嘎，直接問這麼難的題目喔！？
我怎麼可能知道哇！

 不用緊張。首先，第一個數字可能是1～4當中的任何一個，對吧？你可以用STEP1介紹過的**樹狀圖**來思考。

原來可以用樹狀圖啊？

第一張卡片挑到1～4中的任何一張都有可能……。至於第二張卡片，則是第一張挑到的卡片以外的。我按照這個模式畫畫看樹狀圖。

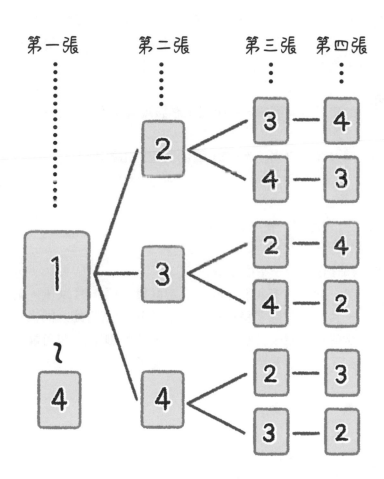

第一張　　第二張　　第三張　第四張

我把第一張卡片是1時的所有可能都畫出來了。

總共有6種。

第一張卡片有1～4這4種可能，所以4張卡片的排列方式總共有4×6=24種！

答對了！樹狀圖也畫得很棒。不過，樹狀圖雖然有它方便的地方，可是你不覺得要把那麼多種可能一一畫出來很累人嗎？

的確，有夠麻煩……不對，應該說真是累死我了。

所以囉！我們試著用**計算**的方式求出答案吧。

計算？ 要怎麼算呢？

請你仔細看一下樹狀圖。

第一張卡片有4種可能。決定好第一張卡片以後，第二張卡片就剩下除了第一張卡片以外的**3種**可能。同樣地，決定好第二張卡片以後，第三張卡片就剩下**2種**可能。然後到了第四張卡片，就只剩下**1種**了。

啊，每次都會少一種可能。

對，就是這樣！

由此可知，畫成樹狀圖的4張卡片其所有可能排列方式，就是4×3×2×1 = 24種。

喔喔！真的耶。

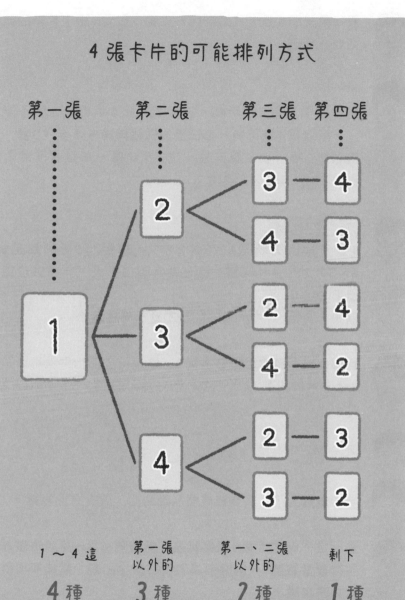

4 張卡片的可能排列方式

第一張　　第二張　　第三張　第四張

3 — 4

4 — 3

2 — 4

4 — 2

2 — 3

3 — 2

1 ~ 4 這　　第一張　　第一、二張　　剩下
　　　　　以外的　　以外的
4 種　　**3** 種　　**2** 種　　**1** 種

$$4 \times 3 \times 2 \times 1 = 24 \text{ 種}$$

那如果是問5張卡片的排列方式呢？和問4張卡片時的邏輯完全一樣喔。

嗯……。

第一張卡片有5種可能。決定第二張卡片時有1張不能用了，所以是4種可能。第三張的話就再減一，變成3種。第四張剩2種。到了第五張，就只剩1種。所以是5×4×3×2×1＝120種囉？

完全正確！

4張卡片排列時是4×3×2×1＝24種，5張的話是5×4×3×2×1＝120種。即使數字變得更大，你應該也算得出來吧？

例如，**9張卡片的排列方式**會有幾種呢？

對耶！只要每次都把數字減一，然後再全部相乘就可以了！9張卡片的排列方式，也就是9×8×7×6×5×4×3×2×1＝……。

36萬2880種。

哇，太驚人了。這要畫成樹狀圖的話，確實有點為難。

是不是！像這樣**有n個要素進行排列時，從n開始依序減一並持續遞減至1，再將前述的所有數字相乘，就能算出排列方式的總數！**

這樣的計算方式叫作**階乘**，用「！」這個記號來表示。

例如，4張卡片的排列方式總數就是**4的階乘**，寫成**4！**。

重點！

有 n 個要素進行排列時，
排列方式的總數為

$$n! = n \times (n-1) \times (n-2) \times \cdots\cdots \times 1$$

範例

- 4張卡片的排列方式（4的階乘）
  $4! = 4 \times 3 \times 2 \times 1 = 24$

- 5張卡片的排列方式（5的階乘）
  $5! = 5 \times 4 \times 3 \times 2 \times 1 = 120$

- 9張卡片的排列方式（9的階乘）
  $9! = 9 \times 8 \times 7 \times 6 \times 5 \times 4 \times 3 \times 2 \times 1$
  $= 362880$

驚嘆號！？
這是數學符號喔？

133

是啊。因為當！前面的數字越大，計算結果就會遽增到越令人吃驚的地步，據說這便是使用！作為符號的由來。

想要求出多個要素進行排列時有幾種可能的話，不需要特地畫樹狀圖，只要運用階乘就能很快算出來了。

階乘在後面還會一直出現，所以一定要好好學起來喔！

編號1～4的4張卡片可以排出幾種2位數字？

繼續看下去吧！

再來要講**排列**（permutation）。

現在的問題是若要**從4張卡片挑2張**，可以排出幾種2位數字。

先抽出來的卡片是十位數，後抽出來的則是個位數。

哇，**比上一題還複雜。**

真的很困惑的話，也可以先試著畫樹狀圖。

也是，樹狀圖果然是最基本的。

這個題目也是十位數用過的數字個位數就不能再用了……。

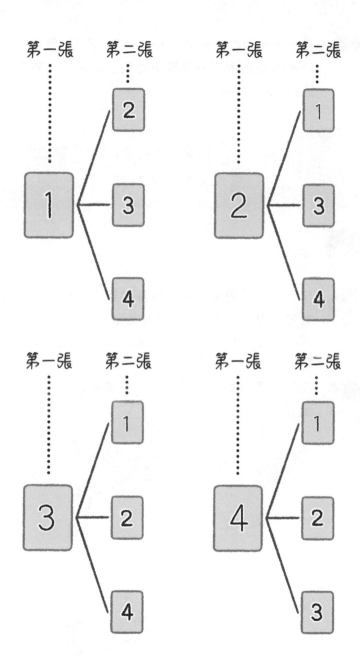

 畫成樹狀圖應該就像這樣吧？

沒錯。十位數的數字有 1 ～ 4 這 **4** 種選擇。
至於個位數則不能使用十位數已經用過的數字,於是剩下
3 種選擇。因此……

> # 用 4 張卡片排出的 2 位數字
> # 有 4×3 = 12 種可能

 嗯嗯。

 按照同樣的思考邏輯,就算遇到更多位的數字或是卡片的
數量有變,應該還是能輕鬆算出來。
例如,從 4 張卡片挑 3 張的話,可以排出幾種 3 位數字呢?

 呃,我還沒有很熟悉,不然先畫畫看百位數為 1 時的樹狀
圖好了。

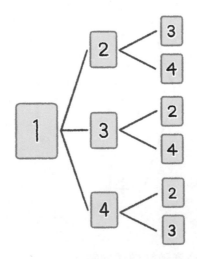

啊，百位數有4種、十位數有3種、個位數有2種，所以答案是4×3×2 = 24種嗎？
感覺就像把階乘的其中一段拿出來。

 完全正確～！
像這樣從四個要素中選兩個做排列時，在計算上可以寫成 $_4P_2$，從四個要素中選三個的話，就是 $_4P_3$。

重點！

從 n 個要素中選 r 個進行排列時，
排列方式的總數為
$$_nP_r = n \times (n-1) \times (n-2) \times \cdots\cdots (n-r+1)$$
r 個

範例

- 從 4 張卡片中選 2 張時的排列方式
  $_4P_2 = 4 \times 3 = 12$ 種

- 從 4 張卡片中選 3 張時的排列方式
  $_4P_3 = 4 \times 3 \times 2 = 24$ 種

P？

對，就是排列的英文「permutation」的首字母。將P左邊的數字逐次減一，遞減的次數參照P右邊的數字，然後將這些數字相乘起來 —— 這就是排列的計算方式。

例如，若是要從9張卡片當中選3張排成3位數，可以如下計算。

從 9 張卡片中選 3 張時的排列方式
$_9P_3 = 9 \times 8 \times 7 = 504$ 種

好方便喔！

是不是？

從P左邊的9開始逐次減一，次數參照右邊的數字減3次，然後相乘即可。

原來如此～！

那再來練習一題！

若要從 5 名男性中選出 3 個人進行排列，請問有幾種排列方式？

這要用剛才提到的排列對吧？
嗯⋯⋯從 9 張卡片中選 2 張排列時是 $_9P_2$，所以這個問題應該是 $_5P_3$ 囉？

答對了！
那請你接著算算看 $_5P_3$ 是多少。

139

從 5 開始依序減一減到 3，再將前述的數字相乘，對吧！

$$_5P_3 = 5 \times 4 \times 3 = 60$$

 算好了！有 **60** 種。
比想像中還要多耶。

 # OK！
相信你已經精通排列的計算了！

 這……不好說耶……。

從1～9這9張卡片中選出2張，共有幾種組合？

 接下來要講解的是**組合**（combination）。
前面討論過從4張卡片中選2張排列的狀況。現在則是**從9張卡片中同時選出2張**，此時2張卡片的組合總共有幾種可能呢？請你思考看看。

 不是排成2位數字，而是要找出有幾種組合嗎？所以是要**計算有幾種挑選方式**囉！
嗯……我不知道！

 沒關係。首先，如果題目跟排列有關，就必須考慮順序不同的情況。例如「1」和「2」在排列上，會分成（1，2）、（2，1）這2種情況。但是組合與順序無關，「選出1，2」＝1種情況。

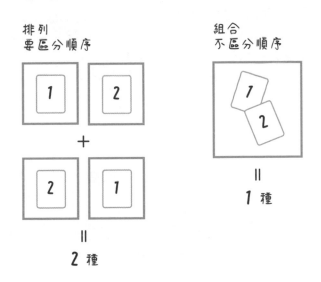

既然和「排列」不一樣，不用區分順序上的差異，那所有可能狀況應該也會比較少囉？不過，「組合」到底該如何計算呢？

這就要用到排列的相關知識了。

具體來說，比如（1，2）和（2，1）在組合上是相同的，在排列上則有「2！＝2種」排列方式，到這裡都還可以理解吧？

因此，**當要計算從9張卡片中選出2張時有幾種組合，就要把從9張卡片中選出2張排列的結果，除以2張卡片的排列方式總數＝2！。**

由此可知，從9張卡片中抽出2張的組合總數，寫成算式就是 $\frac{_9P_2}{2!}$。

從9張卡片中選2張時的「組合」會等於「從9張卡片中選2張時的排列方式總數（排列）」除以「2張卡片的排列方式」，是這個意思嗎？

雖然有點複雜，不過就是這樣。
那來實際算算看吧。

從9張卡片中選2張時的組合

$$\frac{_9P_2}{2!} = \frac{9 \times 8}{2 \times 1}$$
$$= 36 \text{ 種}$$

所以說，從9張卡片中選出2張的組合共有 **36種**。做成表格的話就像下面這樣。

	1	2	3	4	5	6	7	8	9
1	×	12	13	14	15	16	17	18	19
2	21	×	23	24	25	26	27	28	29
3	31	32	×	34	35	36	37	38	39
4	41	42	43	×	45	46	47	48	49
5	51	52	53	54	×	56	57	58	59
6	61	62	63	64	65	×	67	68	69
7	71	72	73	74	75	76	×	78	79
8	81	82	83	84	85	86	87	×	89
9	91	92	93	94	95	96	97	98	×

排列需要區分數字的順序，因此兩個三角形（紅色部分）會被視為不同的結果。反觀**組合**則與數字的順序無關，所以單看一個三角形（紅色部分）即可，也就是排列總數的2分之1。

像這樣要計算從9張卡片中選2張有幾種組合的話，會寫成 $_9C_2$。

現在又要多學一個C？

 對。
這是組合的英文「combination」的首字母。
將C左邊的數字逐次減一，遞減的次數參照C右邊的數字，
然後將這些數字相乘起來。
接著，再除以C右邊數字的階乘。
這就是**組合**的計算方式。

 也就是說，從9張卡片中選3張時的組合有$_9C_3$種囉？

 沒錯！
將排列$_9P_3$除以3張卡片的排列方式總數（3！），就能夠求出$_9C_3$。

從 9 張卡片中選 3 張時的組合

$$_9C_3 = \frac{_9P_3}{3!} = \frac{9 \times 8 \times 7}{3 \times 2 \times 1} = 84$$

 因此，從9張卡片中選3張的組合共有**84**種。

 哇！果然很難！

也來看一下公式的部分吧。

重點！

從 n 張卡片中選 r 張時的組合總數為

$$_nC_r = \frac{_nP_r}{r!}$$

$$= \frac{n \times (n-1) \times (n-2) \times \cdots\cdots \times (n-r+1)}{r \times (r-1) \times (r-2) \times \cdots\cdots \times 1}$$

範例

・從 9 張卡片中選 3 張時的組合總數

$$_9C_3 = \frac{_9P_3}{3!} = \frac{9 \times 8 \times 7}{3 \times 2 \times 1} = 84 \text{ 種}$$

 救命！ 我腦袋要打結了～。

 別怕別怕，排列和組合都會越用越熟悉的。

來稍微練習一下該怎麼運用組合吧。

請問從 5 張卡片中選 3 張時，總共有幾種組合呢？

呃……從 5 張裡選 3 張出來的組合，那就是 $_5C_3$ 囉？

$$_5C_3 = \frac{_5P_3}{3!} = \frac{5 \times 4 \times 3}{3 \times 2 \times 1} = 10$$

 從 5 張卡片中選 3 張的組合是 **10 種**嗎？

完全正確！太完美了！
看來你已經精通計算各種所有可能狀況時，需要用到的階乘、排列、組合囉！

 嗯……我是覺得自己沒有厲害到可以稱為精通啦……。

 接下來我們做一些會用到階乘、排列、組合的計算，相信你會越做越熟的！

撲克牌的排列方式多到超乎想像

那先來思考以下的問題，就當作練習吧。

第
2
節
課

學會基礎的機率計算！

問 題

有一副不含鬼牌、共有52張牌的撲克牌。
當牌完全洗乾淨時，整副牌以黑桃1～13→紅心
1～13→方塊1～13→梅花1～13的順序整齊排列
的機率有多少？答案可以用算式表示就好。

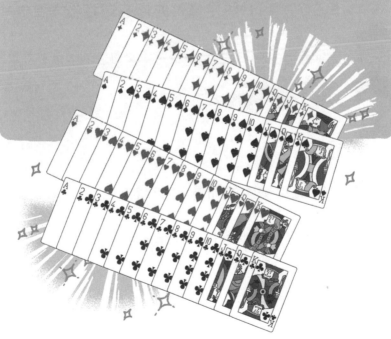

嘎，**機率問題**嗎？
計算所有可能狀況已經讓我腦袋爆炸了，根本想不起來機率要怎麼算……。

機率可以用以下公式求得。

$$機率 = \frac{特定條件的所有可能狀況}{有機會發生的所有可能狀況}$$

啊對，我想起來了！
那這個問題中的**特定條件的所有可能狀況**是指？

「從黑桃1到梅花13，全部依序整齊排列的情況有幾種」。

只有**1種**不是嗎？

沒錯。

那**有機會發生的所有可能狀況**呢？

就是指「洗完牌之後，52張撲克牌的排列方式總共有幾種」。

，

52張撲克牌的排列方式總數哇～！？

呃……第一張是黑桃1的情況、第一張是黑桃2的情況……。

這數量大到要畫出樹狀圖太難了啦。

那、那**到底該怎麼算啊！？**

這要用STEP3開頭提到的**階乘**。

啊，那個驚嘆號。

對耶，要知道排列方式總數的話，只要在全體數目後面加上！就行了。

52張牌的排列方式就是52!。

沒錯。

所以完全洗乾淨的撲克牌，以黑桃1～13→紅心1～13→方塊1～13→梅花1～13的順序整齊排列的機率是多少呢？

$$\frac{1}{52!}$$ ！

很好！

正確答案。

順便來看一下，52！究竟是多大的數字吧。你知道52！代表什麼意思嗎？

52！就是52×51×50×……×1。
總……總覺得是個**天文數字**。

事實上，真要計算的話，結果會是68位數。

68位數～!!

換句話說，一副完全洗乾淨的撲克牌，剛好依序完美排列的機率是「68位數」分之1，等於**無限趨近於零**。

哇～幾乎是毫無可能囉！

嗯，就是這樣。
說個題外話，一般認為宇宙的年齡**大約是138億年**，138億是**11位數**，還遠遠不及52！。如果忽略閏年這類情況，僅粗略地換算成「秒」，宇宙的年齡為138億年×365天×24小時×60分×60秒＝4351968000000000000秒，這也才**18位數**。

離52！還有一大段距離！

就是說啊。

假設一個情況好了：從宇宙誕生以來，有100億人以每秒1次的速度不停洗牌。把剛才的18位數乘以100億，也不過28位數。

我的天啊～！ 還是完全比不上68位數。

正是如此。所以就算有100億人一起嘗試，依舊無法試出撲克牌所有的排列方式。

換句話說，一副洗乾淨的撲克牌要順著我們的意排列，幾乎是不可能的事情。

吐！ # 機率真是太好玩了！

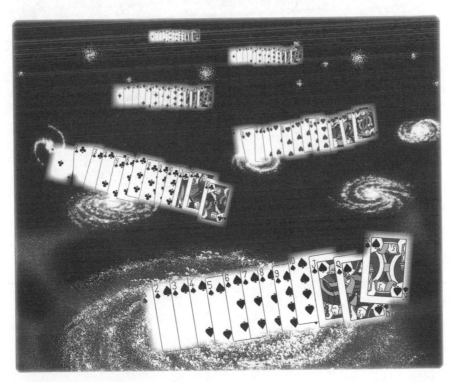

接下來是純粹的**組合**問題。
來試試看吧！

問 題

　　將35塊長方形磁磚以橫7、直5的方式拼在一起。如下圖所示，將磁磚加以組合能拼出長方形。請問這35塊磁磚可以構成幾種長方形呢？

這個不是組合的問題吧?

 單看題目字面上的意思,或許會讓人感到困惑。如果換一個方式來表達的話,應該就比較好懂了。

如果要從8條垂直線、6條水平線中各選出2條來圍成一個長方形的話,請問總共有幾種組合?

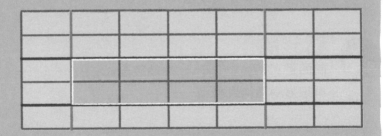

原來如此。只要選出2條垂直線和2條水平線，就能圍出長方形了。

嗯，你學得很快嘛。

那就請你算出總共有幾種長方形吧。

唔，再來我就不會了。

其實就是用剛才教過的組合呀。

首先，想想看從8條直線中選出2條會有幾種**組合**。

直線的順序不會有影響，所以計算時要運用組合C而非排列P。

也就是 $_8C_2$。

原來啊！那如果要從6條橫線中選出2條，就是 $_6C_2$ 囉。

所以長方形的數量是 $_8C_2 \times _6C_2$！

很厲害喔！

最後請你把答案算出來。

看我的！

前面是 $_8C_2 = \dfrac{8 \times 7}{2!}$，然後是 $_6C_2 = \dfrac{6 \times 5}{2!}$。

再把這兩個結果相乘……。

$$長方形數量 = {}_8C_2 \times {}_6C_2$$
$$= \frac{8 \times 7}{2 \times 1} \times \frac{6 \times 5}{2 \times 1}$$
$$= 28 \times 15$$
$$= 420$$

算出來了！
直線與橫線各選出2條，可以圍出420種長方形！

正確答案～！

很不錯喔。看來你已經熟悉機率的計算及概念了！

那麼，最後來討論和棒球有關的問題。

 # 放馬過來吧！

問題

　　某支棒球隊的教練正在思考要如何安排陣中9名球員的打擊順序。苦思一番之後，教練決定嘗試所有可能的打擊順序，再從中選出最合適的打擊順序。假設一天打1場比賽，請問試完所有的打擊順序究竟需要幾天時間呢？

嗯……。

這個教練都沒有思考**戰術**之類的策略嗎？如果我是教練，第一棒會排選球好、腳程快的球員，第二棒要擅長短打才行。啊，不過最近好像也很流行把強打放在第二棒耶。

至於第三棒嘛……。

好啦，回歸正題～！

我已經充分了解你對棒球的喜愛了，趕快來解題吧！

是……。

嗯，這和撲克牌問題很像耶。

既然是**9個人要排順序**，那應該是運用！來計算。答案是有**9!**棒打擊順序。

嗯！非常完美。

來試算一下這樣是多少吧。

唔，從9開始依序乘到1……。

可以用計算機喔。

那我來算算看……咦！

竟然有**36萬2880種**？

如果一天試1種打擊順序，要花36萬2880天耶！36萬天也太長了吧，這等於要花多少年啊？

順便告訴你好了，36萬2880天**大約是994年**。

哈哈哈！ 這數字也太誇張了。哪裡試得完啊？

呵呵，就是說啊。
那接下來再多加2個人吧。
從11個人中挑9個人來排打擊順序的話，情況又是如何？
如果一樣要嘗試所有的打擊順序，共要打幾場比賽才試得完呢？

喔，有2個人要當替補是嗎？
這樣的話……。
應該和挑出幾張卡片進行排列的算法一樣吧？**從11個人中挑9個人來排序**，所以是用P嗎？

沒錯。
請你算算看吧。

是 $_{11}P_9$ 嘛。
所以答案應該是……。

$$_{11}P_9 = 11 \times 10 \times \cdots\cdots \times 3 = 19958400$$

要打1995萬8400場比賽～！

只用9個人排的時候，算出來的數字已經很誇張了，現在要從11個人中挑9個人來排打擊順序，數字一下子多了好幾倍。

沒錯。想把所有打擊順序都試過一次，根本是天方夜譚。

最後要請你算算看：如果不考慮打擊順序，單純從11個人中挑9個人上場比賽的話，總共有幾種可能的陣容。

只要挑出上場的球員就行了，對吧？既然不用考慮順序，那就要運用組合 C 囉！

從11個人中挑9個人啊……。

$$_{11}C_9 = \frac{_{11}P_9}{9!}$$

$$= \frac{11 \times 10 \times 9 \times 8 \times 7 \times 6 \times 5 \times 4 \times 3}{9 \times 8 \times 7 \times 6 \times 5 \times 4 \times 3 \times 2 \times 1} = 55$$

從11個人中挑出9個人共有 **55** 種組合。

雖然這數量也不少，但比起要考慮打擊順序的情況，已經算很少了。

沒錯，相較於排列或階乘，組合算少了。

好啦，問題到此告一個段落。

這裡要分享一個方便計算的密技。

剛才在計算11個人中挑9個人上場比賽時，是運用 $_{11}C_9$ 來思考。不過其實這和從11個人中挑2個人當替補是一樣的意思，所以 $_{11}C_9 = _{11}C_2$。

$_{11}C_9$ 比 $_{11}C_2$ 好算多了，這樣會輕鬆不少。

原來如此，**真的很實用耶！**

寫成文字的話，組合的公式如下所示。

$$_nC_r = _nC_{(n-r)}$$

例如 $_{11}C_9 = _{11}C_2$、$_6C_4 = _6C_2$、$_8C_7 = _8C_1$，可以自由轉換組合。當 C 右邊的數字越小，算起來就越輕鬆。

不過，排列 P 就不能這樣用了，$_{11}P_9$ 並不等於 $_{11}P_2$ 喔。

好，我會注意的！

留下千古難題的 費馬

　　費馬（Pierre de Fermat，1601～1665）在1601年（亦有其他說法）出生於南法的土魯斯附近。他不僅奠定了機率論的基礎，據說也是解析幾何學這個數學領域的開創者。

　　費馬大學畢業後在土魯斯擔任法律專家及律師，從事法律工作之餘，也對數學的研究抱有極大熱忱。但他不曾公開發表自己的研究成果，似乎只是與各國的數學家進行書信往來，闡述自己的想法。

揭示微積分的重要觀念

　　費馬在20多歲時，開創了結合圖形與算式的解析幾何學。他與同樣被視為解析幾何學開創者的數學家笛卡兒（René Descartes，1596～1650）曾透過書信交換意見，互相嚴厲批判對方研究數學的方法。

　　另外，費馬也揭示了幾項微積分的重要觀念。但這些發現還算不上「微積分的基本定理」，因此一般未將費馬奉為微積分的「開創者」。

費馬最後定理

　　費馬另一項著名的成就是創立了「機率論」。他與法國數學家帕斯卡（1623～1662）透過信件討論賭金該如何分配的內容，奠定了機率論的基礎。

　　此外，費馬還留下了名為「費馬最後定理」的數學定理。該定理闡述的內容是「當 n 為3以上的整數時，不存在

可滿足 $x^n + y^n = z^n$ 的自然數（x、y、z）」。關於這項定理，費馬只在筆記中寫了「空白太小，寫不下證明方法」，並沒有說明具體的證明方法，而他是否真的知道證明方法也是一大謎團。

　　費馬在1665年去世，享年64歲。在他去世5年後，其子公開了費馬最後定理，吸引了不少人試圖證明。不過長年以來，始終沒有人能證明或反駁這項定理的正確性。

　　直到1994年，英國數學家懷爾斯（Andrew Wiles，1953～）才完成相關證明，而這已經是費馬逝世超過300年以後的事情了。

對流體研究貢獻良多的 **帕斯卡**

帕斯卡（Blaise Pascal，1623～1662）是數學家、物理學家暨哲學家，1623年出生於法國奧弗涅省的克萊蒙。帕斯卡靠著自學研究幾何學，據說在12歲時就自行推導出歐幾里得（Euclid，前325左右～前265左右）《幾何原本》中「三角形的內角和等於兩個直角相加」的定理。

1640年時，年僅17歲的帕斯卡證明了與圓錐曲線相關的「帕斯卡定理」，被認為是幾何學中最美的定理之一。

闡述流體壓力的「帕斯卡原理」

另外，帕斯卡在物理學領域也有卓越貢獻。他曾經把氣壓計帶到山頂，確認了氣壓會隨高度減少的事實，指出氣壓的形成是觀測點以上的空氣重量所致。帕斯卡將該結果整理之後，於1648年以＜關於流體平衡的實驗＞為題寫成論文。

後來，他又在1654年寫了一篇關於＜流體平衡論＞的論文。在該論文中，他發表了與流體壓力相關的「帕斯卡原理」，內容是「對密閉容器內靜止流體的某個點施加壓力，流體內所有點的壓力將會同等增加」，也就是水壓計的運作原理。

發明帕斯卡三角形

某天，帕斯卡的朋友默勒（Chevalier de Mere，1607～1684）向他詢問：「擲骰子的賭局如果中途結束，賭金該如何分配？」於是帕斯卡與友人數學家費馬（1601～

1665）攜手合作，建立了解決這個問題的一般解法。

此外，帕斯卡還想出了與機率問題有關的「帕斯卡三角形」。帕斯卡三角形就如下圖所示，是一種由數字構成的三角形。在帕斯卡三角形中，上起第 n 層、左起第 k 個數字，會等於 $_{n-1}C_{k-1}$。

帕斯卡在晚年完成了一本名為《基督教護教論》的哲學、宗教思想著作。在他死後，《基督教護教論》中的片段集結成《思想錄》出版。而《思想錄》中收錄了這樣一段名言：「人是一根蘆葦，是自然界中最弱小的存在，不過卻是一根會思考的蘆葦。」

第 **3** 節課

挑戰
進階版機率！

STEP 1
計算賭博相關的機率

本單元要運用機率來討論賭博相關的問題。透過計算來探討在輪盤、樂透、梭哈等各種博弈中,能夠贏錢的機率有多少。

運用機率來計算會賺錢還是賠錢

終於到了第3節課的STEP1,接下來要講賭博的機率。

好耶!我等好久了!
我要一舉成為**億萬富翁～**。

如果想要知道賭博的賺錢和賠錢機率,首先就得學會計算**期望值**。

期望值……。
國中的時候好像有學過……。

期望值是指在機率上能夠期望的數值。
接下來的撲克牌遊戲可以幫助你理解期望值。

假設有一副方塊1～13的撲克牌翻面蓋著，看不出牌面點數。從中隨意抽1張，這張牌的點數便是你的得分。

請問在這個遊戲中，你可以期望自己得到幾分？

抽到7的話就是 **7分**，抽到12的話就是 **12分** 的意思嘛。
可是又不知道會抽到1 ~ 13之中的哪一張。
…… **不可能有辦法預測得分吧？**

確實如此。要抽了才會知道自己拿到哪張牌。但運用機率
的話，**就能夠預估大概可以期望自己得多少分。**

原來如此。

具體來說，就是對每張牌計算 **（該張牌的得分）×（抽
到該張牌的機率）**，然後全部相加。
最後得到的數值就是 **期望值**。

是喔。

就來實際計算一下吧。
抽到1的情況是1分 $\times \frac{1}{13}$ ，
2是2分 $\times \frac{1}{13}$ ，
3是3分 $\times \frac{1}{13}$ ，
……

下一頁列出了所有牌的計算結果。將這些數字全部相加，
答案就會是 **期望值是7分**！

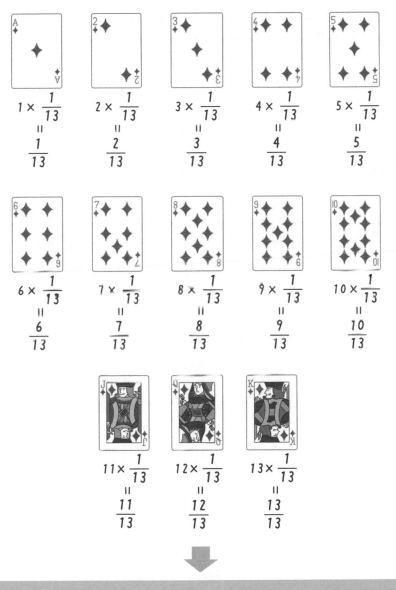

$1 \times \dfrac{1}{13}$

$=$

$\dfrac{1}{13}$

$2 \times \dfrac{1}{13}$

$=$

$\dfrac{2}{13}$

$3 \times \dfrac{1}{13}$

$=$

$\dfrac{3}{13}$

$4 \times \dfrac{1}{13}$

$=$

$\dfrac{4}{13}$

$5 \times \dfrac{1}{13}$

$=$

$\dfrac{5}{13}$

$6 \times \dfrac{1}{13}$

$=$

$\dfrac{6}{13}$

$7 \times \dfrac{1}{13}$

$=$

$\dfrac{7}{13}$

$8 \times \dfrac{1}{13}$

$=$

$\dfrac{8}{13}$

$9 \times \dfrac{1}{13}$

$=$

$\dfrac{9}{13}$

$10 \times \dfrac{1}{13}$

$=$

$\dfrac{10}{13}$

$11 \times \dfrac{1}{13}$

$=$

$\dfrac{11}{13}$

$12 \times \dfrac{1}{13}$

$=$

$\dfrac{12}{13}$

$13 \times \dfrac{1}{13}$

$=$

$\dfrac{13}{13}$

$$\dfrac{1}{13} + \dfrac{2}{13} + \dfrac{3}{13} + \dfrac{4}{13} + \dfrac{5}{13} + \dfrac{6}{13} + \dfrac{7}{13} + \dfrac{8}{13} + \dfrac{9}{13} + \dfrac{10}{13} + \dfrac{11}{13} + \dfrac{12}{13} + \dfrac{13}{13}$$

$$=$$

期望值 **7**

嗯……實際上也有可能抽到2或是13吧。
我覺得抽到「7」的機率應該沒有特別高啊……。

沒錯。
期望值只是計算出來的數值而已，實際進行遊戲的話，**結果一定是有各種可能**。

我想也是。那計算期望值不就沒有意義了嗎？

不對，並不是這樣喔！
如果重複玩這個遊戲很多次的話，平均得分會**越來越接近期望值7分**！

咦，是喔!?
期望值還真厲害耶！

呵呵。期望值在各種狀況下，都可以當作協助我們理性判斷的**指標**。
千萬別小看它喔。

我一定要學會怎麼算期望值！

那我們就多算一些跟期望值有關的題目吧。
接下來是剛才那個遊戲稍微複雜一點的版本。

　　除了13張方塊的牌之外，還多了紅心、黑桃、梅花的1，現在總共有16張撲克牌。

　　隨意抽牌時，抽到1可以得15分，抽到2～9就依照牌面數字得分，抽到10～13則是得10分。請問此時的期望值會是多少？

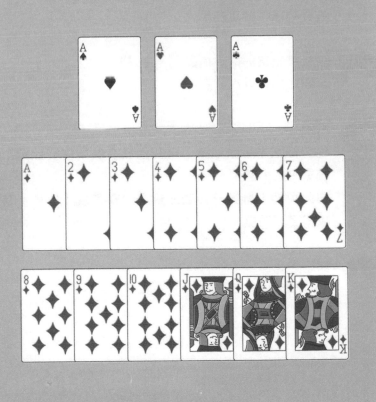

嗚嗚嗚。
我一點頭緒也沒有。

對每張牌**計算（該張牌的得分）×（抽到該張牌的機率），然後將所有數字相加就能求出期望值。**
抽到1的話可以得15分！
而抽到1的機率是 $\frac{4}{16}$，因此 15 分 × $\frac{4}{16}$ = $\frac{60}{16}$ 。
2的話是 2 分 × $\frac{1}{16}$ = $\frac{2}{16}$ 。
10 ～ 13 則是 10 分 × $\frac{4}{16}$ = $\frac{40}{16}$ 。
像這樣針對每張牌進行計算，然後全部相加即可。
右頁列出了計算結果。

這樣算出來的期望值是 **9分**！
比剛才的遊戲高一點耶。

對啊。
從這個結果可以期待「現在這個遊戲能得到比剛才那個遊戲更高的分數」。
由此可知，**針對一件無法預測的事考量「得失」時，絕對少不了期望值。**

原來如此～。
所以賭博的時候**絕對需要期望值**囉！

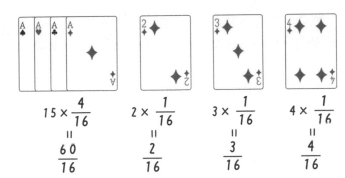

$$15 \times \frac{4}{16}$$
$$=$$
$$\frac{60}{16}$$

$$2 \times \frac{1}{16}$$
$$=$$
$$\frac{2}{16}$$

$$3 \times \frac{1}{16}$$
$$=$$
$$\frac{3}{16}$$

$$4 \times \frac{1}{16}$$
$$=$$
$$\frac{4}{16}$$

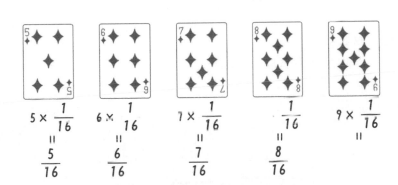

$$5 \times \frac{1}{16}$$
$$=$$
$$\frac{5}{16}$$

$$6 \times \frac{1}{16}$$
$$=$$
$$\frac{6}{16}$$

$$7 \times \frac{1}{16}$$
$$=$$
$$\frac{7}{16}$$

$$\frac{1}{16}$$
$$=$$
$$\frac{8}{16}$$

$$9 \times \frac{1}{16}$$
$$=$$

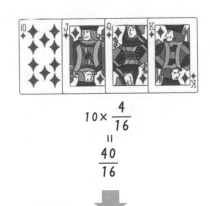

$$10 \times \frac{4}{16}$$
$$=$$
$$\frac{40}{16}$$

$$\frac{60}{16} + \frac{2}{16} + \frac{3}{16} + \frac{4}{16} + \frac{5}{16} + \frac{6}{16} + \frac{7}{16} + \frac{8}{16} + \frac{9}{16} + \frac{40}{16}$$
$$=$$
期望值 **9**

再來看一個和期望值有關的問題吧。
你有在用**行動支付**嗎？

 當然有啊～。越來越多地方只要掃QR Code就可以結帳了，還能累積點數呢！

 那正好。
請你思考看看以下狀況。

問題

　　A公司和B公司都有行動支付的服務，且兩家公司同時推出了為期一個月的促銷活動。

　　若使用A公司的行動支付，每20次消費中會有1次全額退還消費金額。

　　另一方面，若使用B公司的行動支付，每次都會回饋消費金額的5%。

　　問題來了：哪一家的促銷活動比較划算呢？

咦，如果用Ａ公司的行動支付，不管是買了100萬還是1000萬的東西，20次中就會有1次全額退還嗎!?
那當然是**Ａ公司比較划算**不是嗎！

嗯，究竟真相如何呢～？
這種時候，**就要用到期望值了！**

？

我們就假設消費了５萬日圓，然後分別算出兩家公司回饋金額的**期望值**吧。

麻煩老師說明！

首先，A公司的行動支付有 $\frac{1}{20}$ 的機率會全額退還５萬日圓。
同時也有 $\frac{19}{20}$ 的機率退還０日圓。根據以上數字進行計算，求出來的期望值如下所示。

若使用A公司的行動支付，每20次消費中會有1次全額退還消費金額。當消費5萬日圓時，退還金額的期望值為

$$5萬日圓 \times \frac{1}{20} + 0日圓 \times \frac{19}{20} = 2500日圓$$

也就是說，使用A公司的行動支付消費５萬日圓時，退還金額的期望值是**2500日圓**。

原來如此。
那B公司的期望值呢？

B公司**一定會回饋消費金額的5%**（ ＝ $\frac{5}{100}$ ），因此期望值的計算如下。

若使用B公司的行動支付，每次消費一律回饋5%。當消費5萬日圓時，退還金額的期望值為

$$5\,萬日圓 \times \frac{5}{100} \times \frac{100}{100} = 2500\,日圓$$

因此B公司退還金額的期望值也是**2500日圓**。

結果竟然一樣!?
我還以為肯定是A公司比較划算呢……。

就是這樣。最終的期望值是一樣的，因此可以看成消費者享受到**同樣程度**的好處。

不過，在促銷期間內購物的機會終究不會多到哪裡去，因此就A公司的促銷活動來看，不同的消費者在**退還金額上會有巨大落差**。

有些消費者完全沒有占到便宜，而有些消費者則是大賺了一筆。

不過從消費者眼裡看來，或許會覺得**這種促銷活動很有吸引力**。

第 **3** 節課

挑戰進階版機率！

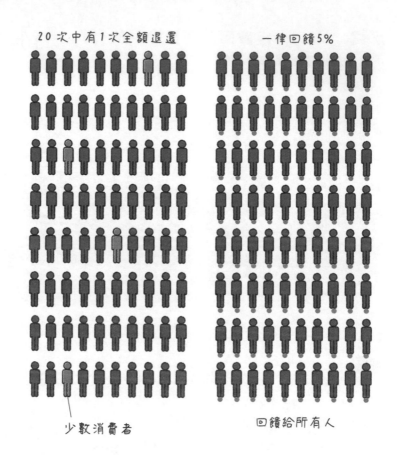

20次中有1次全額退還　　　　　　　一律回饋5%

少數消費者　　　　　　　　　回饋給所有人

原來如此～。

真的耶！A公司的方案看起來就超級划算！

另一方面，對推出促銷活動的企業而言，由於期望值相同，所以**成本**也一樣。

因為有眾多消費者累積出多次購物行為，讓個別的金額落差得以攤平。

就A公司的促銷活動來看，當購物次數非常少時，也有可能退還比期望值更多的金額；但如果有很多人購物的話，企業實際上需要支付的退還金額應該就會趨近於期望值。

啊，這是**大數法則**吧！

 沒錯。你還記得真是太好了！
即使這是由偶然性掌控一切的服務，只要次數夠多，花費的成本還是會**和計算結果趨於一致**。

 A公司的促銷活動看起來比B公司的更有吸引力，可以歸功於A公司的**行銷手法比較高明**囉。

玩輪盤為何贏不了錢

 接下來要討論各種賭博的**機率**和**期望值**。
首先是**輪盤**。
美式輪盤的盤面數字為1～36以及「0」、「00」，合計38個數字。

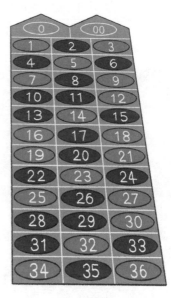

 我記得前面提到的輪盤盤面數字好像是 **37 個**耶？

 那時候提到的是**歐式**輪盤。歐式輪盤只有「0」，所以數字是37個。

美式輪盤有「0」和「00」，所以數字是38個。

這邊要討論的是美式輪盤。

好。原來輪盤還有分美式和歐式啊。

是啊。

1～36之中，有**18個數字是紅**，**18個數字是黑**。

0和00既不是紅也不是黑。

猜「輪盤上的球會停在紅色還是黑色」也是一種賭法。

如果猜對了可以拿到多少**賭金**？

猜對的話可以拿回**2倍**的錢。

也就是說，如果押100日圓猜對了即可拿回200日圓，等於賺了100日圓。

嗯嗯。

我們來算一下這種情況的**期望值**吧。

首先，不論是押紅或是押黑，猜對的機率都是 $\dfrac{18}{38}$，沒有錯吧？

因為還有既不是紅也不是黑的0和00，所以不是 $\dfrac{19}{38}$（$=\dfrac{1}{2}$），也就是猜對的機率**不到5成**囉。

沒錯。

猜對的話賭金會變2倍，猜錯的話是0倍，所以……

$2 \times \dfrac{18}{38} + 0 \times \dfrac{20}{38} = \dfrac{36}{38} \fallingdotseq 94.7$。

期望值大約是94.7％！

期望值大約94.7%……

這是什麼意思呢？

代表「如果賭很多次的話，平均可以拿回94.7%的賭金」。

咦，那不就是**虧錢**的意思嗎？

你說得沒錯。
期望值是94.7%，代表平均下來每賭1次就會「虧掉5.3%的賭金」。

嘎──！
那就不能賭「押紅還是押黑」囉！還有沒有其他賭法啊？

還有**押1個數字、押2個數字、押奇數或偶數**等等，有各式各樣的賭法唷。

那這些賭法的期望值分別是多少呢？改天我有機會去拉斯維加斯賭輪盤的時候，一定要挑期望值最高的賭法來玩！

右方表格整理了各種賭法和猜對的機率，以及猜對時贏回賭金的倍率。

賭法	賭法說明	倍率	機率	期望值的計算	期望值（換算百分率）
押紅或黑	球會落在紅色或黑色格	2倍	$\frac{18}{38}$	$\frac{18}{38} \times 2 + \frac{20}{38} \times 0$ $= \frac{36}{38}$	94.7%
押前半或後半	球會落在1～36中的前18格或後18格	2倍	$\frac{18}{38}$	$\frac{18}{38} \times 2 + \frac{20}{38} \times 0$ $= \frac{36}{38}$	94.7%
押奇數或偶數	球會落在18個奇數格或18個偶數格（0和00既不是奇數也不是偶數）	2倍	$\frac{18}{38}$	$\frac{18}{38} \times 2 + \frac{20}{38} \times 0$ $= \frac{36}{38}$	94.7%
押12個數字（直排）	球落在的數字位於賭桌上的哪一直排（有12個數字）	3倍	$\frac{12}{38}$	$\frac{12}{38} \times 3 + \frac{26}{38} \times 0$ $= \frac{36}{38}$	94.7%
押12個數字（小、中、大）	球會落在1～12、13～24或25～36	3倍	$\frac{12}{38}$	$\frac{12}{38} \times 3 + \frac{26}{38} \times 0$ $= \frac{36}{38}$	94.7%
押6個數字	球落在的數字位於賭桌上的哪兩個橫排（一橫排有3個數字）	6倍	$\frac{6}{38}$	$\frac{6}{38} \times 6 + \frac{32}{38} \times 0$ $= \frac{36}{38}$	94.7%
押5個數字	球會落在0、00、1、2、3（押5個數字僅有這個組合）	7倍	$\frac{5}{38}$	$\frac{5}{38} \times 7 + \frac{33}{38} \times 0$ $= \frac{35}{38}$	92.1%
押4個數字	球會落在賭桌上某4個相鄰的數字之一	9倍	$\frac{4}{38}$	$\frac{4}{38} \times 9 + \frac{34}{38} \times 0$ $= \frac{36}{38}$	94.7%
押3個數字	球落在的數字位於賭桌上的哪一橫排（一橫排有3個數字）	12倍	$\frac{3}{38}$	$\frac{3}{38} \times 12 + \frac{35}{38} \times 0$ $= \frac{36}{38}$	94.7%
押2個數字	球會落在賭桌上某2個相鄰的數字之一	18倍	$\frac{2}{38}$	$\frac{2}{38} \times 18 + \frac{36}{38} \times 0$ $= \frac{36}{38}$	94.7%
押1個數字	包括0與00，球會落在38個數字中的哪一個	36倍	$\frac{1}{38}$	$\frac{1}{38} \times 36 + \frac{37}{38} \times 0$ $= \frac{36}{38}$	94.7%

我看看……。

94.7、94.7……咦！不管哪一種賭法，**期望值都不到100％～？**

沒錯。賭博基本上就是**設定**成無論在什麼情況下，期望值都低於100％。

怎麼會～！
可是電視劇裡常有人靠著賭博大賺一筆啊！

電視劇畢竟是**虛構**的……。
賭場裡的確有賭客靠著幸運不斷賭贏，最後**大獲全勝**。
但從賭場的角度來看，如果有很多賭客大獲全勝的話，賭場就要**虧錢**了。

對啊！經營賭場會賺錢或虧錢，不也要看**運氣**嗎？客人贏多一點就會虧損，客人輸多一點才會有利潤！

但實際上最後贏的幾乎都是賭場。
這時候**大數法則**就發揮作用了。
賭場會吸引眾多賭客進行多次賭博。
雖然的確有某些賭客賺到大錢，但從整體平均來看，卻是有金額接近**預設期望值**的收入進到了賭場的口袋。

意思就是只要期望值低於100％，**不管再怎麼努力，最大的贏家都是賭場**囉？

就是這樣。
舉例來說，假設賭客帶了900美元來賭輪盤，每次都下注1美元賭「押紅或押黑」的話，根據計算結果，**10萬人中只有2.7人**可以幸運地將身上的錢增加到1000美元。剩下所有人都會**把錢輸光**。

好可怕！

賭輸1次所損失的金額是5.3%，乍看之下並不多，可是一旦賭很多次的話，**最後吃到的苦頭是很可觀的。**

不光是輪盤，彩券之類的博弈基本上都會設計成對營運方（莊家）有利，這是**賭博不變的道理**。
接著來看**彩券**吧。

 也不意外啦。
話說我爸還滿常買彩券的耶。

 對獎時那種心跳加速的感覺滿有趣的呀，雖然我們家每次都只中**最小獎**～。
彩券的營運方大概可以分到多少錢啊？

 以日本2018年的**「年終大樂透」**為例，這款彩券被設計成營運方可以分到銷售金額的**50.8%**。

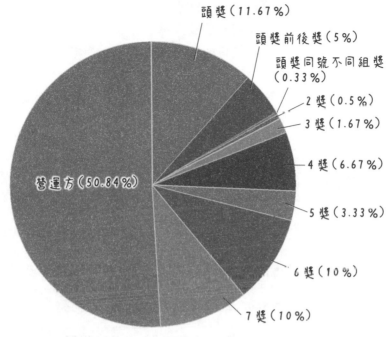

頭獎（11.67%）

頭獎前後獎（5%）

頭獎同號不同組獎
（0.33%）

2獎（0.5%）

3獎（1.67%）

4獎（6.67%）

5獎（3.33%）

6獎（10%）

7獎（10%）

營運方（50.84%）

註：由於將小數點後第3位四捨五入，
因此全部數字相加不等於100%。

有一半以上的銷售金額被營運方拿走了？

年終大樂透是每張300日圓。

1〜200組各有10萬個號碼，合計總共2000萬張，這樣叫作
「1單位」。

我記得頭獎是**7億**日圓。
中頭獎的機率到底是多少啊？
（說到底，真的有機會中嗎？）

下方的一覽表列出了從頭獎到沒中獎，每單位的**中獎數**、
機率、**期望值**。

獎別	獎金（日圓）	每單位的中獎數	機率	期望值（獎金x機率）
頭獎	7億	1	0.00000005	35 日圓
頭獎前後獎（前一號）	1億5000萬	1	0.00000005	7.5 日圓
頭獎前後獎（後一號）	1億5000萬	1	0.00000005	7.5 日圓
頭獎同號不同組獎	10萬	199	0.00000095	0.995 日圓
2獎	1000萬	3	0.00000015	1.5 日圓
3獎	100萬	100	0.000005	5 日圓
4獎	10萬	4000	0.0002	20 日圓
5獎	1萬	20000	0.001	10 日圓
6獎	3000	200000	0.01	30 日圓
7獎	300	2000000	0.1	30 日圓
未中獎	0	17775695	0.88878475	0 日圓
合計	—	2000萬	1	147.495 日圓

什麼啊……。

中頭獎的機率幾乎等於零嘛……。

就算全部加起來，**期望值也才大約147.5日圓**嗎？

彩券1張要300日圓，如果買很多張的話，等於每張大概要虧150日圓囉。

你說得沒錯。

話說回來，我爸在買10張1套的彩券時，都是買**散號（不連號）**。

因為他說如果買**連號**的話，只要一張沒中就會知道剩下的也都沒中，讓人感覺很差。

但也有不少人認為「買連號有機會中前後獎，所以連號比較好」……。

從機率來看，究竟買散號還是買連號比較容易中呢？

讓我們來看看**散號和連號的期望值**吧。散號和連號的彩券分別要考慮以下條件。由於內容比較繁瑣，關於條件的部分跳過不看也可以喔。

散號 彩券 彩券 彩券奇

① 200萬套之中只有1套「有頭獎彩券」(機率200萬分之1)。買散號的話,10張彩券的套組和號碼全都不一樣,所以有頭獎彩券的那一套沒有「頭獎前後獎」和「頭獎同號不同組獎」。

② 200萬套之中只有1套「有頭獎前後獎(頭獎的前一號)」(機率200萬分之1)。基於和①相同的原因,所以沒有「頭獎」、「另一個頭獎前後獎(頭獎的後一號)」、「頭獎同號不同組獎」。

③ 200萬套之中只有1套「有頭獎前後獎(頭獎的後一號)」(機率200萬分之1)。基於和①相同的原因,所以沒有「頭獎」、「另一個頭獎前後獎(頭獎的前一號)」、「頭獎同號不同組獎」。

④ 「除此之外的套組」在200萬套中有199萬9997套(機率200萬分之199萬9997)。

連號 彩券

①200萬套之中只有1套「有頭獎彩券」（機率200萬分之1）。在這個套組中，出現兩種「頭獎前後獎」的機率皆為 $\frac{9}{10}$。買連號的話，整套彩券都是同組，因此沒有「頭獎同號不同組獎」。

②200萬套之中只有1套「有頭獎的套組的前一套」（機率200萬分之1）。在這個套組中，有10分之1的機率出現「頭獎前後獎（頭獎的前一號）」。基於和①相同的原因，所以沒有「頭獎同號不同組獎」。

③200萬套之中只有1套「有頭獎的套組的後一套」（機率200萬分之1）。在這個套組中，有10分之1的機率出現「頭獎前後獎（頭獎的後一號）」。基於和①相同的原因，所以沒有「頭獎同號不同組獎」。

④「除此之外的套組」在200萬套中有199萬9997套（機率200萬分之199萬9997）。

由於計算太過繁複，這邊就略過不提，總之將「各種情況」列出來計算後，買1套3000日圓的彩券時，**兩者的期望值都是1474.95日圓**。

什麼啊，連號和散號都一樣喔。

沒錯。
但是兩者仍有些許**差異**。

儘管期望值一樣？

合計的期望值是相同的。
不過，計算「獲得頭獎前後獎（1億5000萬日圓）以上高額獎金的機率」的結果，**連號為「1000萬分之6」，散號為「1000萬分之15」**，也就是散號會比連號高出2.5倍。

咦，散號的機率高了2.5倍？
那還是買散號比較好囉？

但買散號的缺點就是一定無法包辦頭獎和頭獎前後獎。
我的建議是：目標是10億日圓的話買連號，目標是1億5000萬日圓的話買散號。

買彩券的**樂趣在於緊張刺激感！**
如果是我的話還是想買散號！

預測和賠率是賽馬最迷人的地方

除了彩券以外，還有幾種官方許可的博弈，**賽馬**就是其中之一。

賽馬和彩券最大的不同在於，可以**「自行預測」**哪匹馬會贏。

雖然我對賽馬滿有興趣的，但從來沒去過賽馬場，也不太清楚要怎麼賭。

不過以前打電動的時候，倒是有玩過養賽馬的遊戲。

賽馬是透過買**馬票**的方式來賭。馬票的**種類非常多**，這也可以說是賽馬的一大特色。

馬票有哪幾種呢？

這裡以16匹（8組）賽馬出場比賽為例，介紹 **8** 種馬票的規則以及每種馬票的 **買中機率**。不過，這個機率是假設16匹賽馬的實力完全相同所計算出來的。

組別與馬匹編號

組別	馬匹編號	馬匹名稱
1	1	Apple Star
	2	Gold Tail
2	3	Clarity Eye
	4	Lucky Circle
3	5	Sakura Wind
	6	Speed Crane
4	7	Smart Gate
	8	Seven Lotus
5	9	Highland Run
	10	Grand Road
6	11	Ever Planet
	12	Space Earth
7	13	Ever Dash
	14	Platinum World
8	15	North Bright
	16	Deep Rose

馬票種類與機率

種類	下注標的	機率
獨贏	第一名的馬	6.25%
位置	跑進前三名的馬	18.75%
連贏編號	第一、二名的組別組合	約3.5%（若買同一組別約0.83%）
連贏	前兩名的馬組合	約0.83%
位置Q	跑進前三名的2匹馬組合	2.5%
二重彩	依序選中第一、二名的馬	約0.42%
單T	前三名的馬組合	約0.18%
三重彩	依序選中第一、二、三名的馬	約0.03%

首先，買中機率最高的是只選1匹馬下注的「**獨贏**」和
「**位置**」。

獨贏就是猜哪匹馬會跑第一，是最簡單的賭法，買中的機
率是 $\frac{1}{16}$ ＝6.25%。

原來如此，的確很單純。

另一方面，**位置**是選到的那匹馬只要有跑進前三名就算買
中，買中的機率是 $\frac{3}{16}$ ＝18.75%。
位置是最容易買中的賭法。

哇，不錯耶！

相反地，買中機率最低的賭法是「**單T**」和「**三重彩**」，
要下注哪3匹馬會跑進前三名。

單T只要選出跑進前三名的組合就好，與名次順序無關。
$_{16}C_3$＝560，因此機率為 $\frac{1}{560}$ ＝0.18%。
三重彩是連同名次順序都要正確才行。$_{16}P_3$＝3360，因此
機率為 $\frac{1}{3360}$ ＝0.03%。
這是馬票中難度最高的賭法。

只有 $\frac{1}{3360}$ 喔，一般來看的話感覺根本不會中啊。

的確。但是賽馬的機率和彩券不一樣，沒有那麼單純。

這是因為出場比賽的馬匹**實力不盡相同**,還要考慮到**騎師能力的高低**等等,比賽勝負會受到各種條件影響。

確實是這樣!

因此主辦單位會根據投注率(購買率)來調整分配彩金的倍率。

分配彩金的倍率叫作**賠率(odds)**,投注率(購買率)越高則賠率越低;投注率(購買率)越低則賠率越高。

原來如此~。所以如果是大家都看好的馬,就算買中了也不會贏多少錢囉。

沒錯。

過去成績優秀、眾望所歸的馬賠率比較低,即使買中了也不會分到太多彩金。相對地,如果賭中了沒什麼人看好的馬,就有機會拿到鉅額彩金。

是要保守一點押安全牌,還是要賭一夕致富的機會呢!?

可以自己決定要怎麼賭,這大概是賽馬類賭博**最迷人的地方**吧。

哇~還真是浪漫呀。

冷門的馬的確會讓人想放手一搏押押看呢。

梭哈有近50%的機率湊不出牌型

 賭場最常見的遊戲之一就是**梭哈**，接著我們來聊梭哈吧。

 梭哈我有玩過，就是要湊出「一對」或「同花大順」之類的**牌型**嘛。

 沒錯。
日本一般玩的梭哈叫**換牌撲克**，拿到一開始發的5張牌之後，可以交換其中幾張，設法湊出比對手強的牌型。順帶一提，梭哈在每個國家的具體規則不太一樣，有各式各樣的種類。

 同花大順之類的大牌應該很難湊出來吧……。
該不會**湊出牌型的機率**也可以用算的？

 我就知道你會這樣問，所以我已經把表格整理好了，以下是使用不含鬼牌的52張牌發牌時，一開始拿到的5張牌能湊出各種牌型的機率！
表中最上方的牌型最小，越往下則牌型越大。

梭哈的牌型及其機率

牌型	定義	範例	機率
散牌	沒有牌型		約50%
對子	有2張相同數字的牌		約42%
兩對	有2組2張相同數字的牌		約4.8%
三條	有3張相同數字的牌		約2.1%
順子	有5張數字連續的牌		約0.4%
同花	5張牌皆為相同花色		約0.2%
葫蘆	對子搭配三條的組合		約0.14%
鐵支	有4張相同數字的牌		約0.02%
同花順	有5張數字連續且花色相同的牌		約0.0014%
同花大順	拿到相同花色的10、J、Q、K、A		約0.000154%

「散牌」的機率將近50％啊？這也代表了「一開始拿到的牌有將近50％的機率可以湊出牌型」囉？

散牌

沒錯，就是這樣。
尤其是有2張牌數字一樣的「**對子**」特別容易出現，機率大約是42％。

對子

「散牌」和「對子」加起來就超過90％了耶～。

「對子」再上去的牌型是「**兩對**」，也就是有2組2張相同數字的牌。
拿到兩對的機率大約4.8％。
再來是有3張牌數字一樣的「**三條**」，機率大概是2.1％。

三條

到此為止的牌型感覺只要多玩幾局的話，都有機會拿到。
可是照這個表格來看，拿到更大牌型的機率一下子低了很
多耶。

 確實如此。
三條再上去的牌型依序是：**「順子」**（約0.4％）、**「同花」**（約0.2％）、**「葫蘆」**（約0.14％）、**「鐵支」**（約0.02％）、**「同花順」**（約0.0014％）。

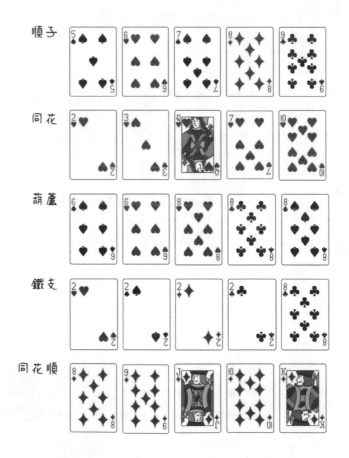

至於最大的牌型 —— 由相同花色的10、J、Q、K、A所組成的**同花大順**，一發牌就拿到的機率只有**大約0.000154%**。

這個比例相當於65萬次中只會出現1次，堪稱**奇蹟**！

同花大順

65萬次中只有1次！

那絕對不可能拿到吧！

不過，這裡計算的只是一開始發牌就可以湊成牌型的機率。實際上在玩的時候，是可以中途換牌的，因此機率也會隨之變化。

對了，我在跟朋友打牌的時候，裡面混進了1張**鬼牌**。有條規則是鬼牌可以當成任何牌來使用，這樣子牌型就好湊多了。

我想順便問一下，如果混了1張鬼牌，一開始就拿到同花大順的機率又是多少呢？

在這種情況下，機率會上升到大約**0.000836%**，差不多是不含鬼牌時的5.4倍！

話雖如此，機率還是低到只能等待奇蹟出現啊。話說回來，我記得梭哈是有**職業選手**的吧？為什麼他們那麼厲害呢？

 的確，梭哈和其他賭博不一樣，有所謂的職業選手，還會舉辦錦標賽。不過，雖然說是職業選手，一開始拿到的牌依舊**取決於機率**，也不知道接下來會有什麼牌發到自己手上。

 那為什麼還有辦法贏呢？

 職業選手可以藉由觀察牌桌上已知的牌，來推測接下來出現什麼牌的機率比較高。
換句話說，他們**精通機率**。

 咦～！　所以說梭哈的職業選手也是**計算機率的專家**囉。

 另外，比賽的時候會使用籌碼來賭。
即使手上的牌型不大，仍可以押許多籌碼來**虛張聲勢**，或是**分析其他選手的打牌習慣**，藉此維持自己較高的勝率。

 原來如此。
所以梭哈的職業選手不僅是機率的專家，也是**工於心計的專家**囉！

想靠賭博賺錢是很困難的

 講到最後，若是想靠賭博來賺錢，還是得具備相當程度的知識和經過鍛鍊才行啊……。
除此之外，**「運氣」** 之類的應該也很重要吧？說到底真的有運氣這種東西嗎？

 這個嘛……連贏的時候大家都會覺得自己 **「手氣正旺」**，輸的時候就會認為自己 **「不走運」** 吧。
但實際上，我們所說的「運氣」不過是「結果的偏差」。

 # 結果的偏差？

 對。請你回想一下，在第 2 節課開頭的**擲1000次硬幣的實驗**。在該實驗中，也曾出現過連續 8 次擲出反面的情況吧？
就跟當時一樣，**隨機事件的偏差其實比我們想像中還要多。**

 嗯嗯。

 所以，當擲硬幣之類的賭博連輸了 8 次，大家難免會覺得是自己「不走運」。

原來如此。
對了，擲硬幣連續 8 次擲出反面的機率大概是多少啊？

是（$\frac{1}{2}$）^{8}，等於 $\dfrac{1}{256}$。

但是機率那麼低的事情還會發生，不覺得真的很神奇嗎？
這件事本身可以算是一種**奇蹟**了吧？

之所以會發生，是因為當時**擲了1000次之多**。
擲那麼多次的話，發生機率 $\dfrac{1}{512}$ 其實也不足為奇。

這樣說的話，倒也是啦。

到頭來，「**運氣**」這種東西不過是事後回頭檢視時，過度在意發生偏差的結果，才覺得有運氣成分罷了。
因此，即使在賭博時連贏了許多把，那也只是**隨機事件剛好發生了偏差**，只要條件都一樣，下一把或贏或輸的「機率」本身是不會有所改變的。

意思就是，即使連贏了很多把、覺得自己運氣正旺，也不代表下一把獲勝的機率就會變高嗎？

沒錯。

而且「運氣」純屬偶然，是無法加以控制的。因此，如果是進行期望值低於100％的賭博，**覺得自己「運氣正好」時更應該見好就收才對**。

啊 ── 原來如此。這就是賭博贏錢的**訣竅**嗎？**並不是運氣好就等於「勝率變高」。**

不過通常在贏錢的時候，大多會想說：「今天我手氣很旺，再賭一把！」而繼續賭下去吧。

這樣就**正中莊家的下懷**了。

基於「大數法則」，即使有1名賭客贏了大錢，只要讓其他賭客繼續賭下去，就能把損失的錢賺回來了。

正因為這樣，莊家對於正在贏錢的客人是很寬容的。

既然機率已經被控制了，那靠賭博賺大錢這件事**理論上是不可能**了吧。

我還以為只要精通機率就能大賺一筆咧。

但是了解機率的話，就不會因為隨便亂賭而讓自己的荷包大失血啦。

嗯，這樣說也沒錯啦。

靠賭博賺大錢雖然理論上不可行，但實際上還是有因此**大賺一筆**的例子喔。

 咦!?
並非完全不可能嗎!?

 1873年時，有一名叫**賈格**（Joseph Jagger，1830～1892）的英國人在蒙地卡羅靠著玩輪盤賺了一大筆錢。
賈格在賭博的前一天派手下前往賭場**記錄**輪盤開出的結果，然後發現某個輪盤的結果**偏離**了理論上的機率。於是他就在賭博當天，對著失準的輪盤持續下注在容易開出的數字。

咦～！
原來還會偏離理論上的機率喔。

骰子或輪盤等道具製造得再精密，實際開出來的結果還是
會稍微**偏離**理論上的機率。
只要這個差距小到可以忽略，而且**期望值低於100%**的
話，賭徒就賺不了錢。可一旦差距超出了某種程度，賭徒
就有機會能夠扳倒莊家。
當時就是因為差距太大，才讓賈格賺了大錢。

真厲害啊。

莊家發現賈格的**「運氣」非比尋常**，馬上就察覺輪盤開
出的結果偏離了理論值，據說在那之後賭場每天都會檢查
輪盤。

不但找出了偶然發生的結果偏差，還加以利用啊。只能說
他做足了功課！

另外在1992年，也曾出現靠著彩券**大賺一筆**的案例。

靠彩券!?
我記得日本的彩券期望值很低不是嗎？

賺大錢的案例是美國投資集團在維吉尼亞州買的**樂透**。
這個樂透的玩法是從1～44的數字中選出6個,所有可能的
組合是 $_{44}C_6$＝**705萬9052種**。1張樂透是1美元,
因此花約700萬美元就能買下所有的組合。

那頭獎獎金是多少?

2700萬美元。而且誇張的是,這個樂透的獎金**期望值大約是3.8美元**。

比買樂透的1美元還多!?

對,沒錯。所以如果能買下所有組合,**一定**能夠賺到錢。
因此這個投資集團便著手**收購樂透**。雖然因為時間不
夠,最後只買了500萬張,但其中有包含頭獎彩券,所以投
資集團順利得到獎金而**大賺一筆**。

原來如此～‧真羨慕啊!
在日本國營的博弈當中,有沒有期望值比較高、有機會賺
到錢的啊?

目前市面上**三種彩券**的期望值大概都落在0.45～0.5倍，等於超過一半被莊家拿走了，所以還滿虧的。

那**賽馬**或**賽艇**呢？

賽馬或賽艇的期望值是0.75倍，比彩券稍微高一些。至於自行車運彩「Chariloto」當累積金額夠高、湊齊了理想條件時，期望值似乎能超過1倍喔。

哇喔——，那我以後要去買Chariloto～！

既然你已經熟悉期望值的概念和計算了，來挑戰一個有趣的問題吧。

問題

　　現在要進行一場擲硬幣的遊戲，遊戲的獎金是依據在第幾次擲出正面而定。第一次就擲出正面可得「1日圓」；第一次擲出反面，第二次擲出正面的話則翻倍變成「2日圓」；前兩次都是反面，第三次擲出正面的話再翻倍為「4日圓」……獎金會像這樣不斷翻倍。參加這場遊戲的費用是10萬日圓。

　　請問你會參加嗎？

正　　　　　　　反

遊戲規則

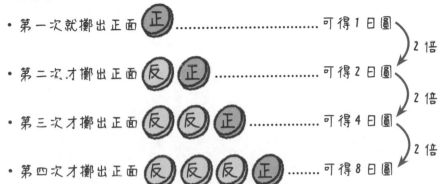

- 第一次就擲出正面 正 .... 可得 1 日圓 ⎫ 2 倍
- 第二次才擲出正面 反 正 .... 可得 2 日圓 ⎫ 2 倍
- 第三次才擲出正面 反 反 正 .... 可得 4 日圓 ⎫ 2 倍
- 第四次才擲出正面 反 反 反 正 .... 可得 8 日圓

舉例來說，如果到第 20 次才擲出正面的話，獎金會是 52 萬 4288 日圓。
你要參加嗎？

才不要咧，就算我運氣好連續擲出 5 次反面，但是在第六次擲出正面的話，也只能拿到 32 日圓耶，參加費和獎金也太不成比例了。
哪有可能出 10 萬日圓參加啊～！

一般人都會這樣想。
那我們來算算看這個遊戲的**期望值**吧。從第一次就擲出正面開始，到第二次才擲出正面、第三次才擲出正面……將所有情況下「機率×獎金」的數值相加即可求出。

第一次就擲出正面

$$機率 \times 獎金 = \frac{1}{2} \times 1 \text{ 日圓}$$

$$= \frac{1}{2} \text{ 日圓}$$

第二次才擲出正面

$$機率 \times 獎金 = \frac{1}{2} \times \frac{1}{2} \times 2 \text{ 日圓}$$

$$= \frac{1}{2} \text{ 日圓}$$

第三次才擲出正面

$$機率 \times 獎金 = \frac{1}{2} \times \frac{1}{2} \times \frac{1}{2} \times 4 \text{ 日圓}$$

$$= \frac{1}{2} \text{ 日圓}$$

第四次才擲出正面

$$機率 \times 獎金 = \frac{1}{2} \times \frac{1}{2} \times \frac{1}{2} \times \frac{1}{2} \times 8 \text{ 日圓}$$

$$= \frac{1}{2} \text{ 日圓}$$

第五次才擲出正面

$$機率 \times 獎金 = \frac{1}{2} \times \frac{1}{2} \times \frac{1}{2} \times \frac{1}{2} \times \frac{1}{2} \times 16 \text{ 日圓}$$

$$= \frac{1}{2} \text{ 日圓}$$

只要沒擲出正面，遊戲就要一直進行下去。因此，將上面的計算結果全部相加之後，求出的期望值如下所示。

$$\frac{1}{2} + \frac{1}{2} + \frac{1}{2} + \frac{1}{2} + \frac{1}{2} + \cdots\cdots$$

$\frac{1}{2}$ 無止盡地加下去！

這樣 $\frac{1}{2}$ 到底要加幾次啊？

只要沒擲出正面，遊戲就不會結束，所以 $\frac{1}{2}$ 會加到「**無限多次**」。

如此一來，你覺得期望值會是多少呢？

期望值……**咦，無限大嗎！?**

沒錯！

換句話說，就機率來看，即使參加費是1兆日圓，這個遊戲還是值得參加。

太、太離譜了啦。

才10萬日圓我就已經不想參加了！

就是說啊。

第十次才擲出正面的機率已經小到 $\frac{1}{1024}$，但此時的獎金也不過512日圓。

要拿到超過512日圓的獎金幾乎不可能了嘛！

沒錯。付10萬日圓參加費很划不來。

而且，**期望值無限大**的前提是莊家要能準備**無限多的獎金**。但實際上這是不可能的。

無限多的獎金……。

莊家擁有**無限的支付能力**，而且能進行**無限多次遊戲**的話，**期望值無限大**的確能成立，但是**就現實層面而言不可能**。

這場遊戲「雖然期望值無限大，但卻不會讓人想參加」，所以被稱為**「聖彼得堡悖論」**（St. Petersburg paradox）。**期望值是判斷狀況時非常重要的指標，可是並非萬能。**

計算機率可以預測未來，但是算出來的結果也有可能是令人意想不到的陷阱。

真有意思啊。

STEP 2

試算各種讓人 意想不到的機率！

本單元將透過計算求出一些讓人意想不到的機率。另外還會挑戰蒙提・霍爾問題、三囚問題等高難度的機率問題！

> **日本職棒總冠軍賽纏鬥到最後一場的機率約為3成**

 來到第3節課的STEP2，接下來要透過**計算**求出各種讓人意想不到的機率。
第一個主題是**日本職棒總冠軍賽**。

 喔，**棒球**耶！
我支持的球隊去年在季後賽輸了，沒打進總冠軍賽。

呵呵，真可惜。我相信今年一定能打進去！
由中央聯盟和太平洋聯盟冠軍進行爭霸的**日本職棒總冠軍賽**，是由先取4勝的隊伍奪得總冠軍。

 如果能4連勝拿下冠軍的話，一定很開心！
可是從另一個角度來看，如果4場就分出勝負了，對球迷來說不免少了一些樂趣。

 如果雙方都是3勝3敗，纏鬥到最後一場（第七場）的話，球迷就能看滿7場比賽了。

 贏下那場比賽就能成為日本第一！
第七場一定會轟動全場～！

 假設某位球評在總冠軍賽開打前，做出了以下評論。

今年的日本職棒總冠軍賽勢必會有一番激戰，兩隊勢均力敵，纏鬥到第七場比賽的可能性最高。

 請問這番評論是否正確呢？

219

嗯？ 實力相當的話，打到第七場的機率難道不高嗎？
反過來說，實力有所差距的話，應該4場就打完了。

那就來計算看看當實力不相上下時，**纏鬥到第七場的機率**吧。

前提是雙方的實力不相上下，所以我們假設中央聯盟冠軍每一場比賽**打贏的機率是50%，打輸的機率也是50%**。首先，「**中央聯盟冠軍4連勝奪冠的機率**」是多少呢？

咦!? 要我算喔!?
呃，我不會。

其實就是機率為 $\frac{1}{2}$ 的事件連續發生4次，所以答案是（ $\frac{1}{2}$ ）^{4} = $\frac{1}{16}$ =**6.25%**。
同樣的計算也適用於太平洋聯盟冠軍，因此「其中一隊以4勝0敗奪冠的機率」就是6.25%×2=**12.5%**。

機率只有**1成多一點**耶。
雖然低了點，不過也是有可能發生。

接著就要來計算「**中央聯盟冠軍以4勝1敗奪冠的機率**」。

第一場到第五場的勝負狀況（○代表勝，×代表負）有
「○○○×○」、「○○×○○」、「○×○○○」、
「×○○○○」這**4種可能**（第五場一定要贏）。

請你分別計算這幾種可能的機率。

呃，○○○×○的話……。

$$\frac{1}{2} \times \frac{1}{2} \times \frac{1}{2} \times \frac{1}{2} \times \frac{1}{2}$$
$$= \left(\frac{1}{2}\right)^5 = \frac{1}{32} = 3.125\%$$

是3.125%。
嗯？不管輸的是哪一場，算出來的結果都一樣吧？
「○○○×○」、「○○×○○」、「○×○○○」、
「×○○○○」的機率應該都是3.125%。

看來你發現了！
你說得沒錯，所以中央聯盟冠軍以4勝1敗奪冠的機率是
3.125%×4＝**12.5%**。
太平洋聯盟冠軍也是一樣，所以「其中一隊以4勝1敗奪冠
的機率」是12.5%×2＝**25%**。

咦，機率還滿高的耶。

我們再用相同的方式計算**「其中一隊以4勝2敗奪冠
的機率」**吧。如果是由中央聯盟冠軍奪冠，那最後一場
（第六場）一定要由中央聯盟冠軍拿下，在前面5場比賽
中會輸2場。

221

5場比賽中輸2場的可能組合總數，可以用 $_5C_2$ 算出來。
$_5C_2 = 10$，所以中央聯盟冠軍4勝2敗的勝負狀況有 **10種可能**。

好難喔～！

原來組合C還可以用在這種地方啊……。

每一種可能的機率都是 $(\frac{1}{2})^6 = \frac{1}{64} = 1.5625\%$。
總共有10種可能，因此機率是 $1.5625\% \times 10 = 15.625\%$。
再加上太平洋聯盟冠軍的話，其中一隊以4勝2敗奪冠的機率就是 $15.625\% \times 2 = \textbf{31.25\%}$。

以4勝2敗分出勝負的機率超過了3成耶。

中央聯盟冠軍以「4勝2敗」奪冠的情形（共10種）

	第一場	第二場	第三場	第四場	第五場	第六場	機率
1.	○	○	○	×	×	○	$0.5^6 = 0.015625$
2.	○	○	×	○	×	○	$0.5^6 = 0.015625$
3.	○	○	×	×	○	○	$0.5^6 = 0.015625$
4.	○	×	○	○	×	○	$0.5^6 = 0.015625$
5.	○	×	○	×	○	○	$0.5^6 = 0.015625$
6.	○	×	×	○	○	○	$0.5^6 = 0.015625$
7.	×	○	○	○	×	○	$0.5^6 = 0.015625$
8.	×	○	○	×	○	○	$0.5^6 = 0.015625$
9.	×	○	×	○	○	○	$0.5^6 = 0.015625$
10.	×	×	○	○	○	○	$0.5^6 = 0.015625$
合計							$0.15625 = 15.625\%$

最後來計算「其中一隊以4勝3敗奪冠的機率」吧。

由中央聯盟冠軍奪冠的勝負狀況是，除了最後一場的前6場比賽中輸了3場，總共有 $_6C_3$ ＝**20種可能**。

每一種可能的機率都是 $(\frac{1}{2})^7$ ＝ $\frac{1}{128}$ ＝0.78125%。那麼中央聯盟冠軍奪冠機率就是0.78125%×20＝15.625%。

再加上太平洋聯盟冠軍的話，其中一隊以4勝3敗奪冠的機率就是15.625%×2＝**31.25%**。

中央聯盟冠軍以「4勝3敗」奪冠的情形（共20種）

	第一場	第二場	第三場	第四場	第五場	第六場	第七場	機率
1.	○	○	○	×	×	×	○	0.5^7 ＝ 0.0078125
2.	○	○	×	○	×	×	○	0.5^7 ＝ 0.0078125
3.	○	○	×	×	○	×	○	0.5^7 ＝ 0.0078125
4.	○	○	×	×	×	○	○	0.5^7 ＝ 0.0078125
5.	○	×	○	○	×	×	○	0.5^7 ＝ 0.0078125
6.	○	×	○	×	○	×	○	0.5^7 ＝ 0.0078125
7.	○	×	○	×	×	○	○	0.5^7 ＝ 0.0078125
8.	○	×	×	○	○	×	○	0.5^7 ＝ 0.0078125
9.	○	×	×	○	×	○	○	0.5^7 ＝ 0.0078125
10.	○	×	×	×	○	○	○	0.5^7 ＝ 0.0078125
11.	×	○	○	○	×	×	○	0.5^7 ＝ 0.0078125
12.	×	○	○	×	○	×	○	0.5^7 ＝ 0.0078125
13.	×	○	○	×	×	○	○	0.5^7 ＝ 0.0078125
14.	×	○	×	○	○	×	○	0.5^7 ＝ 0.0078125
15.	×	○	×	○	×	○	○	0.5^7 ＝ 0.0078125
16.	×	○	×	×	○	○	○	0.5^7 ＝ 0.0078125
17.	×	×	○	○	○	×	○	0.5^7 ＝ 0.0078125
18.	×	×	○	○	×	○	○	0.5^7 ＝ 0.0078125
19.	×	×	○	×	○	○	○	0.5^7 ＝ 0.0078125
20.	×	×	×	○	○	○	○	0.5^7 ＝ 0.0078125
合計								0.15625 ＝ 15.625%

咦，這個機率不是跟其中一隊以4勝2敗奪冠的機率完全一樣嗎？

的確。一般在聽到兩隊勢均力敵的時候，就會以為其中一隊以4勝3敗奪冠的機率比4勝2敗高，但**這個直覺是錯的**。

原來是這樣啊。

就算兩隊實力相當，打到4勝3敗才分出勝負的機率也不過**3成左右**。

話說回來，總冠軍一定會由**厲害的隊伍**拿下嗎？**較弱的隊伍**有可能先贏4場嗎？

那我們就假設強隊單場比賽的**勝率為60%**，弱隊單場比賽的**勝率為40%**來算好了。

職棒的冠軍隊伍勝率通常也只有5成多，所以這樣算是兩隊實力有一定差距。

接下來，我們就依照不同情況來討論吧。

首先，「強隊4連勝的機率」是多少？

這跟剛才一樣吧。

應該是（0.6）^{4}。

正確答案。（0.6）^{4}＝**12.96%**。

接著來計算「強隊以4勝1敗奪冠的機率」。跟之前討論過的一樣，第一場到第五場比賽的勝敗狀況有**4種可能**。
以「○○○×○」為例，這種情形是強隊取得4勝且弱隊取得1勝，因此機率是（0.6）^{4}×0.4＝5.184%。
4種可能總共是5.184%×4＝**20.736%**。

超過20%啊？還滿高的耶。

再來用同樣的方式計算「以4勝2敗奪冠的機率」。由強隊奪冠的勝敗狀況就如第222頁所列，有**10種可能**。
每一種可能的機率是（0.6）^{4}×（0.4）^{2}＝2.0736%。
10種可能總共是2.0736%×10＝**20.736%**。

唔，和4勝1敗的機率完全一樣耶。

最後來計算「以4勝3敗奪冠的機率」。由強隊奪冠的勝敗狀況共有**20種可能**。
每一種可能的機率是（0.6）^{4}×（0.4）^{3}＝0.82944%。
20種可能總共是0.82944%×20＝**16.5888%**。

呼 ── 總算把所有機率都求出來了。

將這些機率全部相加，就是**強隊奪得總冠軍的機率**。

$$12.96\% + 20.736\% + 20.736\% + 16.5888\%$$
$$= 71.0208\%$$

 最後求出來的機率**大約是71%**。換句話說，有大約29%的機率由弱隊奪冠，也就是「每3～4次總冠軍賽中會有1次最終是弱隊獲勝」。

 沒想到弱隊贏得總冠軍的機率還滿高的。
每3～4次就會有1次啊。看來在各種運動賽事，未必總是由實力強的取勝。

如何挑選理想的結婚對象

 下一個主題是**如何挑選結婚對象**。
關於該不該和現在的交往對象結婚，機率論或許能當作解決這個煩惱的參考指標之一。
我們來看下面這個例子吧。

問題

你一生中有和 10 個人交往的機會，只是一旦和交往對象分手了，從此就再也不會遇見對方。

在這 10 個人之中，有一位 A 小姐是最理想的結婚對象，但是你不知道 A 小姐會是第幾個出現的人。

怎麼做才能讓自己有最高的機率和 A 小姐結婚呢？

理想的結婚對象是Ａ小姐啊。

真希望未來能遇到這樣的人。

結婚對我來說還太早了……。

嗯，現在要思考**順利和Ａ小姐結婚的方法**，對吧？

假設和第一任交往對象就結婚了，那這個人是**Ａ小姐**的機率是 $\frac{1}{10}$（＝10％）……還滿低的耶～。

但如果因為這樣，等到第十任才結婚的話，和Ａ小姐結婚的機率一樣是10％。嗯……除了賭 $\frac{1}{10}$ 的機率以外，還有什麼別的方法嗎？

呵呵呵，用**機率論**的概念來思考吧。

首先，和第一任交往對象結婚，且這個人就是Ａ小姐的機率當然是 $\frac{1}{10}$（＝10％）。

再來就要**擬定策略 ── 如果無論如何都會與第一任交往對象分手，那麼第二任以後的交往對象必須比第一任更有魅力，才會和對方結婚。**

對耶，可以把「是不是比以前的交往對象更有魅力」當成判斷依據。

對。如果無論如何都會與第一任交往對象分手，而且這個人又剛好是Ａ小姐的話，能和Ａ小姐結婚的機率當然就是零了。

嗚嗚……。

如果第一任交往對象是第二好的
B小姐（機率 $\frac{1}{10}$），接下來比
B小姐更好的人就只有 A 小姐
了，不論 A 小姐是第幾個出現，
都能和 A 小姐結婚（機率 $\frac{1}{1}$）。
此時的機率就是 $\frac{1}{10} \times \frac{1}{1}$。

 嗯嗯。

 至於第一任交往對象如果是第三好的**C小姐**（機率 $\frac{1}{10}$）
的話，接下來 A 小姐必須比 B 小姐更早出現（機率 $\frac{1}{2}$），才
有可能和 A 小姐結婚。
這個機率是 $\frac{1}{10} \times \frac{1}{2}$。

 哇，真是頭疼。

 而第一任交往對象如果是第四好的**D小姐**（機率 $\frac{1}{10}$）的
話，接下來 A 小姐必須比 B、C 小姐更早出現（機率 $\frac{1}{3}$），
才有可能和 A 小姐結婚。機率是 $\frac{1}{10} \times \frac{1}{3}$。

所有人都要像這樣算嗎？

 沒錯。不過因為算起來很累，以下就省略了。

在「無論如何都會與第一任交往對象分手，且第二任以後的交往對象必須比第一任更有魅力，才會和對方結婚」這個前提下，能順利和 A 小姐結婚的機率就是像下面這樣相加求得。

$$0 + \left(\frac{1}{10} \times \frac{1}{1}\right) + \left(\frac{1}{10} \times \frac{1}{2}\right) + \left(\frac{1}{10} \times \frac{1}{3}\right) +$$

$$\left(\frac{1}{10} \times \frac{1}{4}\right) + \left(\frac{1}{10} \times \frac{1}{5}\right) + \left(\frac{1}{10} \times \frac{1}{6}\right) +$$

$$\left(\frac{1}{10} \times \frac{1}{7}\right) + \left(\frac{1}{10} \times \frac{1}{8}\right) + \left(\frac{1}{10} \times \frac{1}{9}\right)$$

$$\fallingdotseq 0.283 \ (\ = 28.3\%)$$

 由此可知，能順利和 A 小姐結婚的機率**大約是28%**。

 如果無論如何都會與第一任交往對象分手，還有近3成的機率**可以和最理想的 A 小姐結婚！**

對。如果以相同方式進行計算,「在無論如何都會與前兩任交往對象分手才會結婚的前提下,能與A小姐結婚的機率」大約是37%;「與前三任分手」的話大約是39.9%;「與前四任分手」的話大約是39.8%;「與前五任分手」的話大約是37%;「與前六任分手」的話大約是33%……。

每種狀況的機率可以參考以下表格。

無論如何都會分手的人數	機率
0人	10%
1人	約28.3%
2人	約36.6%
3人	約39.9%
4人	約39.8%
5人	約37.3%
6人	約32.7%
7人	約26.5%
8人	約18.9%
9人	10%

唔，無論如何都會分手**3個人**或**4個人**的情況幾乎一樣，不過3個人的機率好像稍微高一點。

 沒錯。
在這個前提之下，和3～4個人交往後，再選擇最有魅力的對象，是最有機會能和A小姐結婚的方法。

 原來如此～。也就是說我以後不用急著結婚囉～！
啊，不過在那之前必須先找到女朋友才行～！哈哈！

30人的班級中有2人同天生日的機率約為70%

下一個主題是生日。
我們來想想看「一個班上有2人同一天生日的機率是多少」吧。

問題

在一個30人的班級中，有2人同天生日的機率是多少呢？不用考慮閏年，以一年有365天來假設即可。

30個人的班級嗎……？
既然一年有365天，遇到有人生日跟自己同一天的機率應該很低吧？
如果真遇到的話，倒像是一場**命運的安排**呢。

嗯，究竟真相如何呢？
請你算算看吧。

呃 —— 這該怎麼算啊。
第一個人和第二個人同天生日的機率是……。

其實這個問題在計算上要掌握一個重點。一個一個計算同天生日的各種可能狀況，是非常累人的事情。
所以就要利用這個問題的**餘事件**，也就是從「每個人生日都不同天的機率」著手進行計算。

喔，**餘事件啊！**
嗯……每個人生日都不同天的機率啊。
呃，這又該怎麼算呢？
既然是機率，那應該是這樣吧。

30 個人生日都不同天的機率 =

$$\frac{30 個人生日都不同天的所有可能狀況}{30 個人生日的所有可能狀況}$$

用這個公式就可以算出來了吧？

 對，沒錯。 很棒耶。
分母「30個人生日的所有可能狀況」，應該還算簡單吧？

 嗯，這30個人的生日都各有365種可能，所以是365^{30}，對嗎？

 答對了～！接著是「30個人生日都不同天的所有可能狀況」，訣竅在於要運用排列P來計算。

 嗯……　啊，我想到了！
從365天當中選出第一個人到第三十個人的生日，再進行排列就可以了吧！那就是$_{365}P_{30}$囉！

 太厲害了！ 真令我吃驚。
那趕快來算吧。這個實在沒有辦法用手算，所以我們要借助計算機……。

$$30\text{個人生日都不同天的機率} = \frac{_{365}P_{30}}{365^{30}}$$

$$= \frac{365 \times 364 \times 363 \times \cdots\cdots \times 336}{365^{30}}$$

$$\fallingdotseq 0.30$$

所有人生日都不同天的機率**大約是30%！**
也就是說，至少「有2人同天生日的機率」**大約是70%**
囉？什麼啊，這樣很高耶。

根本不是什麼命運的安排嘛。

正是如此。
畢竟一年有365天，所以這個結果可能會讓人有點意外。但
只要一個班超過23個人，有2人同天生日的機率就會超過
50%喔。
班級人數與班上有2人同天生日的機率關係，整理之後如
下所示。

班級人數與班上至少有2人同天生日的機率關係

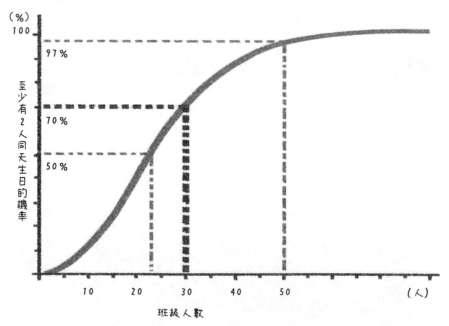

原來如此。
順便問一下，那班上同學有人和我同天生日的機率大概是
多少呢？我記得高中的時候，班上有個叫小美的女生生日
和我同一天呢。

詳細說明就略過不提了，如果是30人的班級，**大概是
7.6%**。

30 個人當中有人和自己同天生日的機率
$$= 1 - \left(\frac{364}{365}\right)^{29}$$
$$\fallingdotseq 0.076$$

喔，比剛才算出來的低很多耶。
不過一個班上有2個人生日同一天的機率倒是滿高的。

兩個小孩其中一個是男生，另一個小孩的性別是？

 接下來要介紹**條件機率**（conditional probability）。

 條件？ 感覺又是很麻煩的東西～。

 不要那麼抗拒嘛，我們一步一步來。
先來看以下這個問題，就當作**暖身**吧。

問 題

某個家庭有兩個小孩，已知其中一個是男生，那麼另一個也是男生的機率是多少？

 這題我自己也能解！
就算有一個小孩是男生，另一個也只有或男或女這2種可能，所以另一個小孩是男生的機率是 $\dfrac{1}{2}$！
嘿嘿，太輕鬆了！

叭叭 ——！ 很可惜，你答錯了！
正確答案是 $\frac{1}{3}$。

 咦～!? 為什麼啊？ 不可能吧。

 為什麼是 $\frac{1}{3}$ 呢？我們把每種可能都列出來吧。首先，來想某個家庭有兩個小孩，但沒有「其中（至少）一個是男生」這項資訊時，會是什麼狀況。

這時候按照出生順序，性別的組合有**男男**、**男女**、**女男**、**女女**這4種可能。

嗯嗯。
我有一個姐姐，所以是第三種情形。

在這個狀況下，我們再來考慮「其中（至少）一個是男生」這項資訊。
此時，**女女**的組合就從上面4種可能中**剔除**了。
這樣一來，組合就剩下**男男**、**男女**、**女男**這3種可能。

啊，在這3種可能中，有一個小孩是男生、另一個也是男生的情形，就只剩下**男男**了。
原來是這樣啊，3種可能當中的其中一種，所以機率是 $\frac{1}{3}$。
嗯……。

順帶一提，如果題目是「當老大是男生，另一個小孩也是男生的機率是多少」的話，在 **男女**、**男男** 2種可能中只有 **男男** 符合，此時答案才是你先前說的 $\frac{1}{2}$。

 嗯嗯。也就是「在不同條件下」，另一個小孩是男生的機率也會變動的意思囉。

 對。像「其中一個是男生時」這種，**附加某項條件或資訊時可能導致機率有所變化，就是所謂的條件機率。**

條件機率……。

 雖然有點離題,不過在這邊補充一下,條件機率是人工智慧等技術不可或缺的統計方法 ── **貝氏統計**的基礎觀念。貝氏統計的名稱,源自於18世紀的英國牧師暨數學家**貝葉斯**(1702～1761)。

貝葉斯
(1702～1761)

 是牧師又是數學家,他是天才吧。

 接下來我們透過**計算**來求出剛才的機率吧。對照機率的計算公式,當其中一個小孩是男生時,另一個也是男生的機率可以如下計算。

其中一個小孩是男生時，
另一個也是男生的機率

$$= \frac{\text{特定條件的所有可能狀況}}{\text{有機會發生的所有可能狀況}}$$

$$= \frac{\text{其中一個小孩是男生，另一個}}{\text{也是男生的所有可能狀況}}{\frac{}{\text{兩個小孩當中至少有一個是}}{\text{男生的所有可能狀況}}}$$

 就這一題來說，分子就只有**男男**這1種，至於分母則有**男女、男男、女男**這3種，因此機率是 $\frac{1}{3}$。

 跟我們剛才求出來的一樣！

 對吧。如果只是要算出問題的答案，到這裡就差不多結束了。不過，我希望你也能學會求出條件機率的**公式**，就請你再加把勁跟上吧。

 好，我會努力的……。

 如果剛才那個公式的分子和分母除以「兩個小孩性別的所有可能狀況」，可以得到以下公式。

其中一個小孩是男生時，另一個也是男生的機率

$$= \frac{\text{其中一個小孩是男生，另一個也是男生的機率}}{\text{兩個小孩當中至少有一個是男生的機率}}$$

 求出條件機率的公式大概就像這樣。

 有夠複雜～！

 我們用這個公式來算算看吧。

分子「其中一個小孩是男生，另一個也是男生的機率」在
全部4種可能當中只有**男男**這1種，所以是 $\frac{1}{4}$。

而兩個小孩當中至少有一個是男生的機率，在全部4種可
能當中有**男女、男男、女男**這3種，所以是 $\frac{3}{4}$。

將這兩個數字帶入上面的公式，就能求出機率了。

其中一個小孩是男生時，另一個也是男生的機率

$$= \frac{1}{4} \div \frac{3}{4} = \frac{1}{3}$$

所以說，其中一個小孩是男生時，另一個也是男生的機率就是 $\frac{1}{3}$。

 這樣算出來的答案和剛才一樣耶。

 是啊。所以**計算條件機率的公式**如下所示。

重　點！

條件機率

在 B 條件下，A 發生的機率

$$= \frac{\text{A 且 B 發生的機率}}{\text{B 發生的機率}}$$

 條件機率的公式後面還會陸續用到，如果忘了就回頭重新複習一遍吧。

呃啊啊啊。
有沒有簡單一點的例子可以說明條件機率啊？

那就應你要求，來個**簡化版**。想想看下面這個問題吧。

問題

從52張撲克牌中抽出1張牌，當這張牌是紅心時，剛好又是K的機率是多少？

紅心的牌從1～K總共有13張,那這個問題的答案不就是 $\frac{1}{13}$ 嗎?

沒錯。但這一題是條件機率,所以我們應該用剛才的公式來求算答案。

在這個問題當中,公式的A是「抽到的牌是K」,B是「抽到的牌是紅心」。

太快了,容我整理一下。

呃,這個問題是**「在抽出來的牌是紅心的條件下(B),這張牌又剛好是K的機率(A)」**。

如果套用剛才的公式,那答案就是「抽到紅心K的機率(A且B發生的機率)除以抽到紅心的機率(B發生的機率)」囉?

抽到的牌是紅心時,這張牌剛好是K的機率

$$= \frac{抽到紅心 K 的機率}{抽到紅心 的機率}$$

沒錯!表現很棒。那請你接著算算看。

首先,分子「在52張撲克牌中抽到紅心K的機率」是 $\frac{1}{52}$,沒錯吧?

OK！那分母「抽到紅心的機率」呢？

 也就是從52張撲克牌中抽到任一張紅心的機率，所以是 $\dfrac{13}{52}$。這樣的話……

抽到的牌是紅心時，這張牌剛好是 K 的機率

$= \dfrac{\text{抽到紅心 K 的機率}}{\text{抽到紅心的機率}}$

$= \dfrac{1}{52} \div \dfrac{13}{52} = \dfrac{1}{13}$

 是 $\dfrac{1}{13}$！

 太漂亮了！

 $\dfrac{1}{13}$ 和我一開始直覺給出的答案一樣耶。
雖然很難，但我好像漸漸知道公式該怎麼用了！

計算從兩個箱子中抽出某種特定球的機率

我們再多看一些條件機率的題目吧。

問題

　　有兩個裝了球的箱子A箱與B箱，箱內的球加起來有紅球、藍球各6顆。

　　A箱裝了4顆紅球、2顆藍球。B箱裝了2顆紅球、4顆藍球。

　　你的眼睛被矇住，以 $\frac{1}{2}$ 的機率隨機從其中一個箱子拿出一顆球，結果拿到了紅球。請問這顆球是從哪一個箱子拿出來的呢？

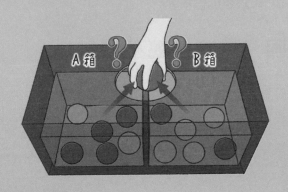

咦！
兩個箱子內都有紅球⋯⋯，
這樣豈不是無法回答嗎？

沒錯。但我們可以**推測**球從這兩個箱子拿出來的機率各有多少。

嗯哼。
A箱裡面的紅球比較多，所以從A箱拿出來的機率應該比較高吧。

你的直覺滿準的。
這其實也是**條件機率**。

這和先前設定的條件完全不一樣耶。
呃⋯⋯
該怎麼算才好呢？

可以理解成本題在問的是「**拿到紅球時，球是從A箱拿出來的機率**」。

嗚 —— 完全搞不懂！

只要套用前面的公式就可以了喔。
趕快算算看吧。

> 拿到紅球時，球是從 A 箱拿出來的機率
> $$= \frac{選到 A 箱且拿到紅球的機率}{拿到紅球的機率}$$

題目有提到「選到 A 箱或 B 箱的機率都是 $\frac{1}{2}$」，然後 A 箱內的 6 顆球有 4 顆是紅球，所以從 A 箱拿到紅球的機率就是 $\frac{4}{6}$。這樣的話……。

> 選到 A 箱且拿到紅球的機率
> $$= \frac{1}{2} \times \frac{4}{6} = \frac{2}{6}$$

選到 A 箱且拿到紅球的機率是 $\frac{2}{6}$。

正確答案！
那分母「拿到紅球的機率」呢？

有 A、B 兩個箱子對吧……。
呃啊，好難。

只要把從A箱拿到紅球的機率和從B箱拿到紅球的機率，兩者相加就行囉。

 對耶！是**加法定理**嘛。

從B箱拿到紅球的機率是 $\frac{2}{6}$，選到B箱的機率是 $\frac{1}{2}$，所以選到B箱且拿到紅球的機率是 $\frac{1}{2} \times \frac{2}{6} = \frac{1}{6}$。

從A箱拿到紅球的機率是 $\frac{2}{6}$，那麼不論選到A箱還是B箱，拿到紅球的機率就是 $\frac{2}{6} + \frac{1}{6} = \frac{3}{6}$！

 答對了！

再來只要把數字帶入公式就好。

 # 包在我身上！

拿到紅球時，球是從A箱拿出來的機率

$$= \frac{選到 A 箱且拿到紅球的機率}{拿到紅球的機率}$$

$$= \frac{2}{6} \div \frac{3}{6} = \frac{2}{3}$$

 答案是 $\frac{2}{3}$。

完全正確！

在本題中，從 A 箱或 B 箱拿球的機率都是 $\frac{1}{2}$。因為加上了「紅球」這個條件，所以從 A 箱拿到的機率就變成 $\frac{2}{3}$ 了。

感覺好神奇喔。

像這樣求出導致某種特定結果的原因機率是多少的統計方法，稱為**貝氏統計**或**貝氏推論**。

這是現在流行的統計方法。

計算方法也有流不流行之分啊……。

垃圾信也是用條件機率來判別

 雖然老師你說很流行，可是我卻從來沒有聽過「貝氏統計」啊。

 關於貝氏統計的部分，本書不會講得太詳細，不過這是**人工智慧**等技術不可或缺的統計方法喔。
而且，就連**判別垃圾信**也會用到這項技術。

 判別垃圾信!? 電腦的郵件軟體會把垃圾信自動分到垃圾信件匣去，是在說這個功能嗎？

對啊。

郵件軟體就是利用**條件機率**和**貝氏統計**來判斷是否為垃圾信的喔。

我完全無法想像要怎麼用來判別垃圾信耶⋯⋯。

如果只講最簡單、最基礎的原理，就是當郵件軟體偵測到信件中含有**特定詞彙或資訊**時，會**計算**這封信是垃圾信的機率，來**判別**是否為垃圾信。

咦～！ 要怎麼做啊？

例如，信件標題或內文如果有「**交友**」、「**免費**」、「**要求**」等文字的話，就有很高的機率是垃圾信。

啊！的確，很像「垃圾信慣用的字眼」。

分析過往收到的垃圾信，就能針對各種詞彙計算出垃圾信中**出現**這些詞的**機率**。舉例來說，像是「垃圾信中含有『免費』這個詞的機率是30％」等等。

反過來說，也可以計算「含有『免費』這個詞時，是垃圾信的機率有多少」。

用多個詞彙進行計算，就可以預估收到的信件有多少機率是垃圾信。

信件是垃圾信寄件者寄來的，
還是一般寄件者寄來的？

A. 垃圾信寄件者使用的詞彙

B. 一般寄件者使用的詞彙

 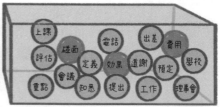

信件內容使用的詞彙是危險度高
的詞彙，還是危險度低的詞彙？

點開信件之前，電腦就會自動
分析信件中使用的詞彙。

信件中如果含有大量高危險度的詞彙，
那這封信是垃圾信的機率就會變高。
當是垃圾信的機率超過了某個基準，就
會被認定為垃圾信。

哇，也太厲害了吧。

竟然能做出這種驚人的計算！
具體來說，是怎麼個計算法啊？

就用以下這個例子來具體說明吧。
不過這只是虛構的喔。

問 題

　　調查過去收到的信件後發現，其中有60%
是垃圾信、40%是一般信件。

　　垃圾信有20%的機率含有「免費」這個
詞，一般信件則有5%的機率含有「免費」這
個詞。

　　那麼，當收到的信件含有「免費」這個詞
的時候，這封信是垃圾信的機率是多少？

嗯嗯。這和剛才「紅球是從哪個箱子拿出來的問題」很像耶。

沒錯！要用**條件機率的公式**來算喔。

我想想……。
要求出「當信件中含有免費這個詞的時候，這封信是垃圾信的機率」，對吧？

正是如此。

如果寫成條件機率的公式……

信件中含有免費這個詞時，
這封信是垃圾信的機率

$$= \frac{\text{信件是垃圾信，且含有「免費」的機率}}{\text{信件中含有「免費」的機率}}$$

很不錯喔！
再來只要算出分子和分母的機率就行了。

嗯，先來算分子的部分。

收到的信件有60%的機率是垃圾信，而且垃圾信含有「免費」的機率是20%，所以信件是垃圾信且含有「免費」的機率就是0.6×0.2＝0.12（＝12%）。

OK！

你已經很熟練囉。

那分母呢？

這個嘛，**信件中含有「免費」的機率，只要把出現在垃圾信、出現在一般信件這兩種情形的機率相加就行了吧？**

首先，垃圾信中含有「免費」的機率是剛才算的0.12（＝12%）。

收到一般信件的機率是40%，而一般信件含有「免費」的機率是5%。

也就是說，信件是一般郵件且含有「免費」的機率是0.4×0.05＝0.02（＝2%）。

表現得很棒喔！

再把這兩個加起來……，信件中含有「免費」的機率是0.12＋0.02＝0.14（＝14%）。

太棒了！

接著把這些數字帶進公式……

信件中含有免費這個詞時，
這封信是垃圾信的機率

$$= \frac{信件是垃圾信，且含有「免費」的機率}{信件中含有「免費」的機率}$$

$= 0.12 \div 0.14 ≒ 0.857 (= 85.7\%)$

答案是**大約85.7%**！
不過，85.7%算是相當高耶！

你表現得真好！
收到的信件是垃圾信的機率原本就有60%，**再加上含有「免費」這個詞的條件，機率就會上升到85.7%。**
系統便是利用大量詞彙進行類似這樣的計算，如果遇到某些信件「是垃圾信的機率」超過了基準值，就會自動判斷為垃圾信、分到垃圾信件匣去。

原來我們平時在用的郵件軟體也暗藏著計算這些機率的功能啊。
機率真是太厲害了！

準確度99%的篩檢驗出陽性，但真正染疫的機率沒有想像中高

 我們再多算一些條件機率的問題吧。下一個主題是**病毒的感染篩檢**。

 喔，這個主題很貼近這幾年的議題耶。

 題目是這樣的。

問 題

　　日前出現了一種新型病毒，感染的比例是1萬人中有1人。你對此十分擔心，於是前往相關單位去做病毒的感染篩檢。

　　醫生向你說明：「這項篩檢的準確度為99%，篩檢結果有誤的可能性只有1%。」

　　你經過篩檢之後不幸驗出「陽性（感染）」，請問此時你真正染疫的機率是多少？

既然準確度99％的篩檢驗出陽性，那應該有99％的機率真的染疫了吧⋯⋯。

一般的確會這樣想。
但實際上，真正染疫的機率**並非99％**！

咦 —— 為什麼啊！？

我們來具體計算一下吧。
先假設有**100萬人**接受這項篩檢好了，我們來算算看**染疫人數**。
首先，病毒的感染率是1萬人中有1人，因此**100萬人中會出現100名感染者**。
準確度99％的篩檢套用在100名感染者身上，理論上可以正確判斷出99人為陽性。

反過來說，**100名感染者中會有1個人「明明染疫卻被誤判為陰性」**囉？

沒錯，這叫**偽陰性**。
另一方面，這100萬人中**非感染者**的人數是100萬人－100人（感染者）＝**99萬9900人**。
準確度99％的篩檢理論上可以將99萬9900人中的99％，也就是**98萬9901人**正確判定為**「陰性」**。
但是，**也有相當於1％的9999人會被誤判為「陽性」**。

也就是說，準確度99％的篩檢也有可能將非感染者判定為陽性囉。

對，這叫「偽陽性」。

經過計算之後，被判定為陽性的人數總共是

99人（陽性）＋9999人（偽陽性）＝**10098人**。

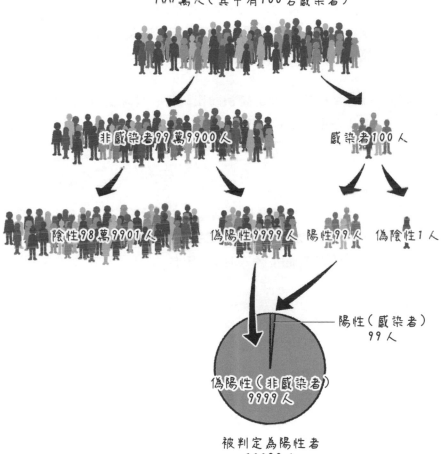

100萬人（其中有100名感染者）

非感染者99萬9900人

感染者100人

陰性98萬9901人　　偽陽性9999人　陽性99人　偽陰性1人

陽性（感染者）
99人

偽陽性（非感染者）
9999人

被判定為陽性者
10098人

也就是被判定為陽性的人之中，有真正染疫的人和偽陽性的人囉。

咦？ 可是偽陽性的人怎麼會這麼多。

沒錯。在被判定為陽性的10098人之中，只有99人是真的染疫，占了被判定為陽性者總數的**約0.98%**。

換句話說，**即使被這項準確度99%的篩檢判定為「陽性」，真的染疫的機率也只有1%。**

就算準確度99%的篩檢驗出陽性，實際上沒有染疫的機率還是壓倒性地高耶！

所以不用因為自己被驗出陽性而感到難過囉。

是啊。

在本題中，接受篩檢前機率原本是**0.01%**（1萬人中有1人），因為加上了**「篩檢後被判定為陽性」**的條件，才增加到**大約1%**（100人中有1人）。

原來如此。但是這樣一來，不就完全搞不清楚自己到底有沒有染疫了嗎？

嗯，所以驗出陽性的人必須再進行其他篩檢。

不過，**只有非常罕見的疾病**才會像這個例子一樣，**偽陽性的人比真正染疫的人還要多。**

如果是一個已經有一半的人染疫的疾病，針對100萬人進行
準確度99％的篩檢結果，會是偽陽性有5000人、真正染疫
的人有49萬5000人，變成後者較多。

100萬人（其中有50萬名感染者）

非感染者50萬人

感染者50萬人

陰性49萬5000人

偽陽性
5000人

陽性
49萬5000人

偽陰性
5000人

偽陽性（非感染者）
5000人

陽性（感染者）
49萬5000人

這樣啊,原來就算同樣是「準確度99%」的篩檢,**「疾病的流行程度」也會大幅影響偽陽性和陽性人數的比例。**

 說得沒錯。
既然機會難得,不如把前述那些數字帶進「條件機率公式」計算看看吧。
究竟算出來的結果會不會一樣呢?

 嗚,我不知道要從哪邊開始算起。

 先把重點放在**1萬人中有1人感染**吧。
題目問的是:「當篩檢驗出陽性時,真正染疫的機率是多少?」

 這樣啊。呃,如果用條件機率的公式來表示……

$$當篩檢驗出陽性時,真正染疫的機率 = \frac{感染了病毒,且篩檢驗出陽性的機率}{篩檢驗出陽性的機率}$$

先來想分子的部分 ──「**感染了病毒，且篩檢驗出陽性的機率**」。
呃……。

將**身為感染者的機率**和**感染者接受篩檢驗出陽性的機率**相乘即可求出。

對耶！那我算算看。

- 身為感染者的機率 $= \dfrac{1 人}{1 萬人}$（$= \dfrac{1}{10000}$）

- 感染者接受篩檢驗出陽性的機率 $= 99\%$（$= \dfrac{99}{100}$）

→ 身為感染者且驗出陽性的機率

$$= \dfrac{1}{10000} \times \dfrac{99}{100} = \dfrac{99}{1000000}$$

不錯喔。那**分母**呢？

分母「篩檢驗出陽性的機率」，應該只要把**身為感染者且驗出陽性的機率**和**身為非感染者且驗出陽性的機率**相加就行了！
身為感染者且驗出陽性的機率是剛才算的 $\dfrac{99}{1000000}$。
身為非感染者且驗出陽性的機率，算法應該一樣。

- 身為非感染者的機率 $= \dfrac{9999 \text{人}}{1 \text{萬人}}\left(=\dfrac{9999}{10000}\right)$

- 非感染者接受篩檢驗出陽性的機率 $= 1\%\left(=\dfrac{1}{100}\right)$

→ 身為非感染者且驗出陽性的機率

$$= \dfrac{9999}{10000} \times \dfrac{1}{100} = \dfrac{9999}{1000000}$$

 再來，只要把身為感染者驗出陽性的機率，與身為非感染者驗出陽性的機率相加，就能夠算出**篩檢驗出陽性的機率**了。

篩檢驗出陽性的機率

$$= \dfrac{99}{100000000} + \dfrac{9999}{1000000} = \dfrac{10098}{1000000}$$

 這是先前那個算式的分母！

 哇，看來普通的機率計算已經難不倒你了。
那請你把本題的答案 ——「當篩檢驗出陽性時，真正染疫的機率」算出來吧。

 我把數字帶進公式試試。

當篩檢驗出陽性時，真正染疫的機率

$$= \frac{感染了病毒，且篩檢驗出陽性的機率}{篩檢驗出陽性的機率}$$

$$= \frac{99}{1000000} \div \frac{10098}{1000000} \fallingdotseq 0.98\%$$

得到的結果是「**大約0.98%**」！

真是太棒了！

接下來，我們簡單算一下「2人中有1人感染」會是怎樣的情形吧。

從頭開始計算太麻煩了，就拿第265頁圖中的數字來用吧。

這個案例的機率也是用相同的方法來算。

$$當篩檢驗出陽性時，真正染疫的機率 = \frac{感染了病毒，且篩檢驗出陽性的機率}{篩檢驗出陽性的機率}$$

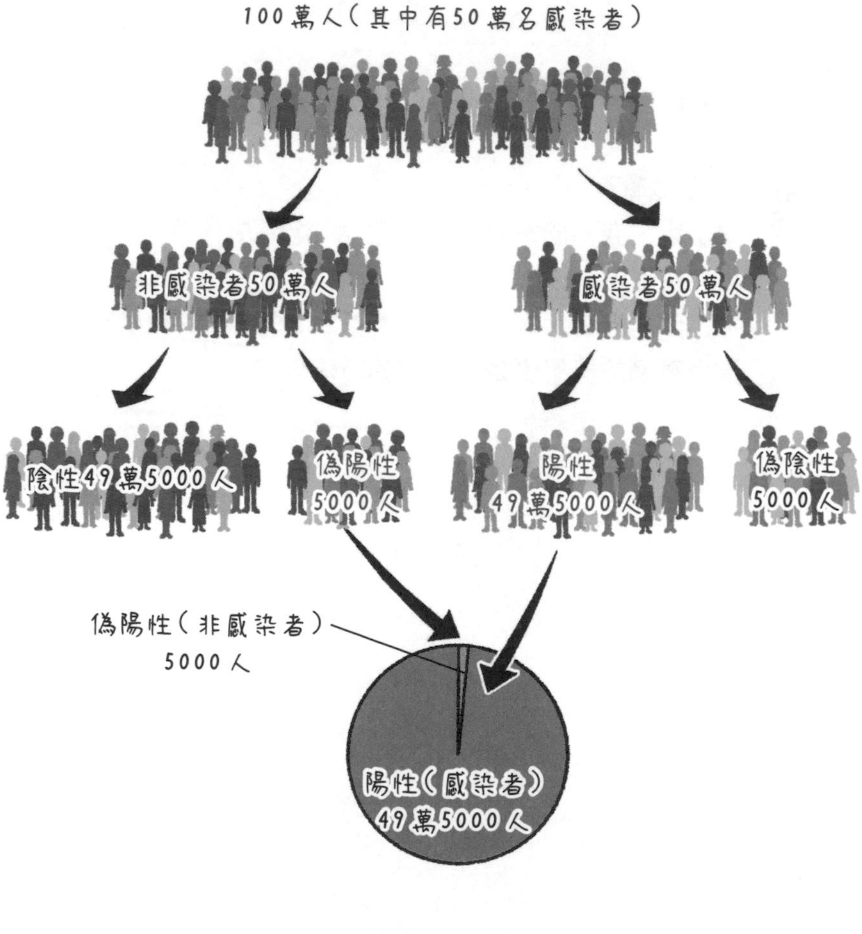

100萬人（其中有50萬名感染者）

非感染者50萬人

感染者50萬人

陰性49萬5000人

偽陽性
5000人

陽性
49萬5000人

偽陰性
5000人

偽陽性（非感染者）
5000人

陽性（感染者）
49萬5000人

首先，分子「感染了病毒，且篩檢驗出陽性的機率」，由圖可知是 $\dfrac{49萬5000}{100萬}$ 。

再來，篩檢驗出陽性的機率是

$$\dfrac{5000}{100萬} + \dfrac{49萬5000}{100萬} = \dfrac{50萬}{100萬}$$ 。

因此，所求的機率如下。

當篩檢驗出陽性時，真正染疫的機率

$$= \dfrac{感染了病毒，且篩檢驗出陽性的機率}{篩檢驗出陽性的機率}$$

$$= \dfrac{49萬5000}{100萬} \div \dfrac{50萬}{100萬} = 0.99 = 99\%$$

也就是說，當「2人中有1人感染」時，篩檢驗出陽性，實際上也真的是陽性者的機率是**99%**。

老師，剛才1萬人中有1人感染的問題，也直接拿圖裡數字來用的話不是輕鬆多了嗎？

是沒錯，但我要給你機會練習啊！

怎麼這樣。

難倒許多數學家的蒙提・霍爾問題

 接下來要介紹兩個非常有意思的條件機率問題，首先來看
蒙提・霍爾問題。

有一個遊戲提供了贏得豪華獎品的機會。在挑戰者面前有A、B、C三扇門，獎品在其中一扇門後，剩下的兩扇門沒中獎。主持人知道哪一扇是有獎品的門，挑戰者對門後的狀況則一概不知。

挑戰者選了A門。

這時，主持人打開了剩下兩扇門當中的B門，讓挑戰者知道B門沒中獎。主持人向挑戰者說：「你可以繼續選A門，或是改選C門。」請問挑戰者應該改選另一扇門嗎？

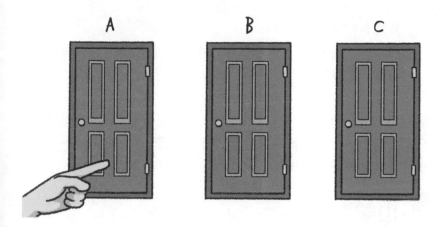

「B門沒中獎。

可以繼續選A門，也可以改選C門，請問該怎麼做比較好？」

273

嘎 ── ！

我哪會知道啊～！

唔，該怎麼選呢？真傷腦筋。不過如果是我的話就會相信直覺，不換答案！

這個問題是條件機率著名的「難題」，而且1960年代美國的益智節目曾經實際進行過這個遊戲喔。

門後如果是一隻山羊，就代表沒中獎。

山羊！（笑）

順帶一提，蒙提・霍爾就是那個益智節目主持人的名字。只要用機率來思考，就可以知道碰到蒙提・霍爾問題時，到底該不該換答案。

果然還是要看機率！

那這種情況該怎麼解呢？

在本題中，你選了Ａ門，後來主持人打開了沒中獎的Ｂ門。此時面臨的狀況是要在Ａ與Ｃ之間二選一。

 這樣看來，不論選 A 還是選 C 的中獎機率都是 $\frac{1}{2}$，不是嗎？總覺得不管換或不換，中獎的機率都不會改變吧。

 一般的確是會這樣想。

但事實並非如此！

從下方的圓餅圖可知，在加上「主持人打開 B 門」這項條件以前，A 門中獎的機率是 $\frac{1}{3}$、A 門沒中獎的機率是 $\frac{2}{3}$。

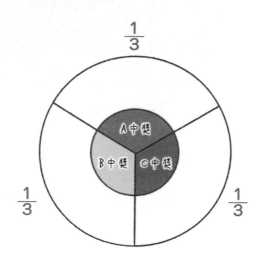

那 B 或 C 門中獎的機率就是 $\frac{2}{3}$ 囉。

 挑戰者選的是 A 門。

此時**如果 A 中獎**，主持人會以 $\frac{1}{2}$ 的機率打開 B 或 C 其中一扇門，並留下另一扇門。

如果 B 中獎，主持人會打開 C，留下 B 不開。

如果 C 中獎，則會打開 B，留下 C 不開。

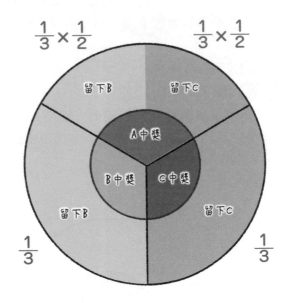

 嗯嗯。

而在本題中，主持人**打開了 B，留下 C 沒開**。

 沒錯。主持人讓挑戰者知道B門沒中獎。
如此一來，留下B的情況就被**剔除**了，只需要考慮留下C
的情況。

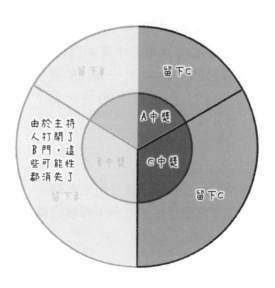

請注意看圓餅圖。
把留下B的情況剔除後，A中獎的機率是 $\frac{1}{3}$。
C中獎的機率則是 $\frac{2}{3}$。

C中獎的機率比較高耶！

沒錯。
換句話說，原本選A改選C的話，中獎機率也會翻倍，從 $\frac{1}{3}$ 變成 $\frac{2}{3}$。

中獎機率翻倍！
這樣不換的話反而會吃虧耶！
可是，為什麼改變選擇會讓中獎機率變高啊？
我有點不懂。

我們來試著改變一下門的數量，思考看看以下這種極端的狀況。
「假設有**100萬扇門**，挑戰者選了A門，接著主持人將A門以外99萬9998扇沒中獎的門都打開，只留下A門和另一扇未開的門。此時，**一開始選的A門和排除99萬9999扇門之後留下的另一扇門**，哪一扇門的中獎機率比較高呢？」

嘎 ── ！
這時候絕對是改變選擇比較有利吧！
應該說，幾乎可以肯定剩下那扇門就是中獎的門！

正是如此。在門數量變多的情況下思考，應該好懂多了。或者也可以用撲克牌之類的道具來做實驗。設定和問題相同的條件，然後反覆嘗試改變和不改變選擇的情況，再將結果兩相比較，應該就會發現改變選擇時的中獎機率會比較高。

話說回來，老師你一開始說過，這個問題是**條件機率的難題**對吧？
條件機率出現在哪裡啊？

本題可以如下思考：
「當主持人留下C門時，A門中獎的機率是多少？」
用公式來表示的話，就像下面這樣。

當主持人留下C門時，A門中獎的機率

$$= \frac{\text{主持人留下C，且A中獎的機率}}{\text{主持人留下C的機率}}$$

根據前面的圓餅圖，主持人留下C且A中獎的機率是 $\frac{1}{6}$。

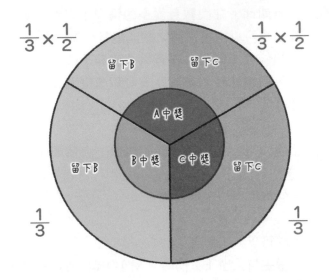

$\frac{1}{3} \times \frac{1}{2}$ 　　　　　　　　 $\frac{1}{3} \times \frac{1}{2}$

留下B　　留下C

A中獎

留下B　B中獎　C中獎　留下C

$\frac{1}{3}$ 　　　　　　　　 $\frac{1}{3}$

而主持人留下C的機率是 $\frac{1}{2}$ 。
再來把數字帶入公式。

當主持人留下C門時，A門中獎的機率

$= \dfrac{主持人留下C，且A中獎的機率}{主持人留下C的機率}$

$= \dfrac{1}{6} \div \dfrac{1}{2} = \dfrac{1}{3}$

原來如此，正好是 $\frac{1}{3}$ 。

接著，我們來簡單地思考看看，當門的數量變多的時候又會如何。

請你想一想下面這個問題該怎麼解。

問題

有A～E五扇門，挑戰者選了A。

接著，主持人只留下A和E，讓挑戰者知道其他的門都沒中獎。那麼，請問A中獎的機率是多少？

呃⋯⋯。
可以給點提示嗎～？

像剛才那樣畫出圓餅圖，應該會比較好理解。首先，在主持人打開門以前，A～E中獎的機率各有 $\frac{1}{5}$。

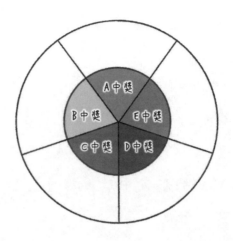

 由於挑戰者選了A門，此時A以外的門及其機率如下所示。

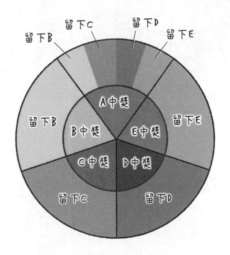

在這些門之中，主持人留下的是E。

 對。所以除此之外的可能性都不需要考慮。

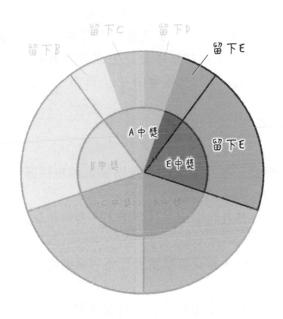

 從圖可知，如果只考慮留下E的狀況，A中獎的機率是 $\frac{1}{5}$。

 換句話說，E中獎的機率有 $\frac{4}{5}$ 囉。
改變選擇竟然會讓機率變成原本的 **4 倍**啊。

 沒錯。
當門的數量越多，改選主持人留下來的那扇門，中獎的機率就越高。

看來**直覺終究沒那麼可靠啊～！**
就算面臨難以判斷的問題，只要運用機率來思考，就能幫助我們做出理性的判斷，這正好是個絕佳的例子耶！

一點也沒錯。
再補充一點，有史上IQ最高女性之稱的**莎凡特**（Marilyn Savant，1946～）是首位明確解答蒙提‧霍爾問題的人。
1990年，她在某本雜誌上回覆讀者問題時提到：「改變選擇的話，中獎機率會由 $\frac{1}{3}$ 上升為 $\frac{2}{3}$。」

真是天才！

但是，這引來了許多數學家大肆批評其見解有誤，甚至演變成**激烈的論戰**。
雖然莎凡特提出了許多證明，但爭論依然沒有平息。

那最後大家是怎麼接受正確答案的呢？

莎凡特呼籲學校老師在課堂上進行**實驗**，於是許多學校紛紛響應進行實驗。
結果證實了的確如莎凡特所說，改變選擇的話，中獎機率會變成 $\frac{2}{3}$。

實驗果然很重要！

 後來有研究機構**使用電腦進行驗證**，證明了莎凡特的見解是正確的。

 也就是說，蒙提‧霍爾問題是連數學家也頭痛的超級大難題囉。
那我難以理解也是**理所當然嘛！**
蒙提‧霍爾問題看似單純，卻非常深奧呢。

最後要介紹的是名為**三囚問題**的經典難題。

問題

　　有一個窮凶極惡的三人犯罪集團（囚犯A、B、C）遭到逮捕。由於這三人至今犯下多起重大刑案，因此被判處死刑。但如果三個人都被處死的話，就沒有人知道他們把犯罪所得的財寶藏在哪裡了。於是政府決定處死三人之中的兩人，剩下一人只要供出財寶的藏匿處便能夠獲釋。

　　哪一個人能得到獲釋的機會已經透過抽籤決定好了，但犯人並不知道是誰被抽中。此時，囚犯A獲釋的機率理論上應該是 $\frac{1}{3}$。

　　囚犯A問獄警：「我會被處死嗎？」但是獄警只答道：「這是祕密。」

於是囚犯A對獄警說:「既然三人之中有兩人會被處死,那囚犯B和囚犯C應該至少有一個人會被處死。就算你告訴我他們之中誰會被處死,我應該也還是不知道自己會不會被處死,那至少讓我知道B還是C會被處死也無妨吧。」於是獄警告訴他:「B會被處死。」

囚犯A知道B會被處死之後,便認為另一個會被處死的不是A就是C,也就是A獲釋的機率從 $\frac{1}{3}$ 變成了 $\frac{1}{2}$,因而暗自竊喜。請問A這樣解讀是正確的嗎?

這個問題真長。
總覺得這和剛才的「蒙提‧霍爾問題」很像耶。

沒錯，這也是一種條件機率問題。

我完全沒有頭緒。

就讓我們仿照剛才的蒙提‧霍爾問題來思考這個狀況吧。
首先，在沒有任何資訊的情況下，囚犯A、B、C獲釋的機率各有$\frac{1}{3}$。

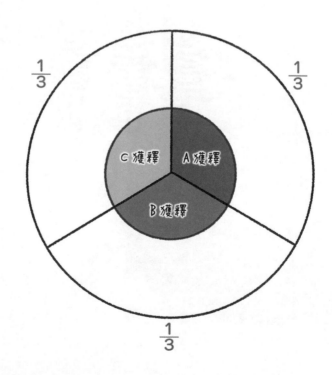

假使獲釋的人是囚犯Ａ，代表Ｂ和Ｃ都會被處死。因此，這時候獄警告訴囚犯Ａ「**Ｂ會被處死**」的機率和「**Ｃ會被處死**」的機率都是 $\frac{1}{2}$。

 嗯，沒錯。

 接著考慮Ｂ獲釋的狀況。獄警無法告訴Ａ他的下場，因此只能回答「Ｃ會被處死」。
如果是Ｃ獲釋的狀況，獄警同樣只能告訴Ａ「Ｂ會被處死」。
將這些狀況畫成圓餅圖的話如下所示。

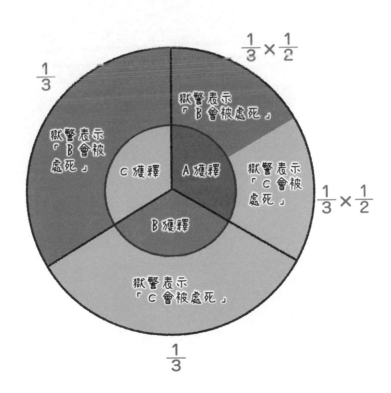

現在的狀況是獄警告訴囚犯Ａ「Ｂ**會被處死**」對吧？這樣的話……就相當於圓餅圖左上方的部分囉。

對。
當獄警說Ｂ會被處死時，就不用考慮獄警表示「Ｃ會被處死」的狀況了。

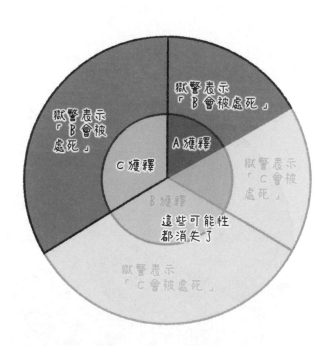

從圓餅圖可知，只有在 **C 獲釋的所有情況和 A 獲釋的其中一半情況**，獄警才會告訴囚犯 A「**B 會被處死**」。

啊！！ 所以從這個圖來看，A 獲釋的機率是 $\frac{1}{3}$！
反觀 C 獲釋的機率是 $\frac{2}{3}$。

答對了！

到頭來，就算聽到「B 會被處死」，A 獲釋的機率一樣是 $\frac{1}{3}$ 沒有變啊。

沒錯。
不過有趣的是，C 獲釋的機率會有所變化喔。
在 A 聽到「B 會被處死」以前，C 獲釋的機率是 $\frac{1}{3}$。
但 A 聽到「B 會被處死」後，C 獲釋的機率上升到了 $\frac{2}{3}$。

啊，真的耶。
獲釋機率變成原本的 2 倍。

不過根據本題的規則，C 不能知道這件事就是了。

對耶，所以重點在於聽到這個消息的人是 A。

也順便用條件機率的公式來思考這個問題吧。
把條件機率的公式套進本題的話如下所示。

獄警告訴A「B會被處死」時，A獲釋的機率

$= \dfrac{\text{獄警表示「B會被處死」，且A獲釋的機率}}{\text{獄警表示「B會被處死」的機率}}$

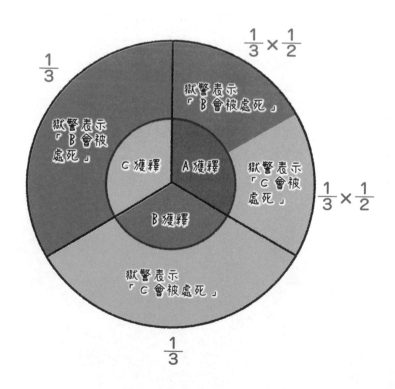

請你把圓餅圖的數字帶入公式，計算一下。

首先，分子的部分是圓餅圖右上角那一塊吧。
是 $\frac{1}{3} \times \frac{1}{2} = \frac{1}{6}$。
而分母則是獄警表示「B 會被處死」的機率，所以是圓餅
圖的一半，也就是 $\frac{1}{2}$。
這樣的話……。

獄警告訴A「B會被處死」時，A獲釋的機率

$$= \frac{\text{獄警表示「B會被處死」，且A獲釋的機率}}{\text{獄警表示「B會被處死」的機率}}$$

$$= \frac{1}{6} \div \frac{1}{2} = \frac{1}{3}$$

果然還是 $\frac{1}{3}$ ！

就跟剛才求出來的一樣。

所以因犯 A 以為自己獲釋的機率變高了，只是**空歡喜一場**囉……。

確實如此……。
既然你已經學會一定程度的條件機率，本書的機率就上到這裡囉！
辛苦你了。

從日常生活中隨處可見的機率，一直到機率論的基礎和歷史，還有類似解謎的條件機率問題，內容真的非常豐富。
我覺得自己以後應該有辦法運用機率來思考各種事情，而不是光憑直覺隨便亂猜。

機率是很深奧的一門學問，如果有興趣的話，也可以找其他各種書籍來看喔。

好！
老師，非常感謝您的指導！

貝氏統計的關鍵人物 貝葉斯

「當得到某種結果時，可以用數學方法來推定其原因。」這種方法稱作「貝氏統計」，源自於18世紀的英國數學家貝葉斯（Thomas Bayes，1702～1761）。貝氏統計是以條件機率為基礎，廣泛運用於人工智慧、判別垃圾信等各種技術，近年來深受矚目。

世人對於貝葉斯的生平所知不多。雖然知道他曾在英國愛丁堡大學學習神學與邏輯學，但至今仍不清楚貝葉斯是在什麼地方接受數學教育的。

死後發表的論文

貝葉斯的正職是牧師而非數學家。不過，他所進行的數學研究水準相當高，也因此留有在1742年獲選為皇家學會（The Royal Society）院士等美談。

貝葉斯生前曾經發表過兩篇論文，一篇關於神學，另一篇則與牛頓的微積分有關。而讓貝葉斯名留青史的論文，則是在他死後才由友人對外公開的〈關於機遇問題求解的短論〉（*An essay towards solving a problem in the doctrine of chances*）。論文當中提出了奠定貝氏統計基礎的定理，即現今所稱的「貝氏定理」。

這篇論文引起了法國數學家拉普拉斯（Pierre-Simon Laplace，1749～1827）的注意。拉普拉斯進一步發展了貝氏定理，使其廣為世人所知。

貝氏統計曾遭受強烈批判

由於貝氏統計有允許使用「主觀資訊」等模糊之處，而曾經受到所謂傳統統計學研究學者強烈批判，認為貝氏統計是「不夠嚴謹的數學」。到了20世紀以後，學界才體認到這些模糊反而是將貝氏統計應用到各種領域的優點。經歷過這一番歷史演變，貝氏統計才搖身一變成了新統計學。

機率的重要公式集

古典機率

$$機率 = \frac{特定條件的所有可能狀況}{有機會發生的所有可能狀況}$$

獨立事件的乘法定理

當事件A與事件B不會互相影響彼此發生的難易程度（獨立事件）時，A與B同時發生的機率可以用以下的乘法算式來表示。

A與B同時發生的機率
　　　＝A發生的機率 ×B發生的機率

加法定理

事件A與事件B不會同時發生（互斥）時，A或B發生的機率可以用以下的加法算式來表示。

A或B發生的機率
　　　＝A發生的機率 ＋B發生的機率

餘事件

「A不會發生」的事件稱為A的餘事件。

A的餘事件的機率
　　　＝1－A發生的機率

排列

從n個中選出r個進行排序時，所有可能狀況的數量稱為「排列」。

$$從 n 個中選出 r 個進行排列$$
$$= {}_nP_r = n \times (n-1) \times (n-2) \times \cdots\cdots \times (n-r+1)$$
$$\underbrace{\hphantom{= {}_nP_r = n \times (n-1) \times (n-2) \times \cdots\cdots \times (n-r+1)}}_{r個}$$

組合

從n個中選出r個時，所有可能狀況的數量稱為「組合」。與排列不同，組合不用考慮順序。

$$從 n 個中選出 r 個進行組合 = {}_nC_r = \frac{{}_nP_r}{r!}$$

期望值

可能發生的所有事件1～n各自發生的機率（$P_1 \sim P_n$），與該事件發生時得到的數值（$X_1 \sim X_n$）相乘，再全部相加而得的結果稱為「期望值」。

$$期望值 = P_1 \times X_1 + P_2 \times X_2 + \cdots\cdots + P_n \times X_n$$

條件機率

在事件B已經發生的情況下，另一事件A發生的機率稱為「條件機率」。

$$在 B 已經發生的條件下，A 發生的條件機率$$
$$= \frac{A 且 B 發生的機率}{B 發生的機率}$$

索引

化學 化學／週期表

學習必備！基礎化學知識

化學是闡明物質構造與性質的學問。其研究成果在生活周遭隨處可見，舉凡每天都在使用的手機、商品的塑膠袋乃至於藥品，都潛藏著化學原理。

這些物質的特性又與元素息息相關，該如何應用得宜還得仰賴各種實驗與科學知識，掌握週期表更是重要。由化學建立的世界尚有很多值得探究的有趣之處。

數學 虛數／三角函數

打破理解障礙，提高解題效率

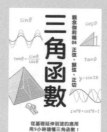

虛數雖然是抽象觀念，但是在量子世界想要觀測微觀世界，就要用到虛數計算，在天文領域也會討論到虛數時間，可見學習虛數有其重要性。

三角函數或許令許多學生頭痛不已，卻是數學的基礎而且應用很廣，從測量土地、建置無障礙坡道到「波」的概念，都與之有關。能愉快學習三角函數，就比較可能跟數學發展出正向關係。

物理

物理／相對論
量子論／超弦理論
掌握學習方法，關鍵精華整理

　　物理是探索自然界規則的學問。例如搭公車時因為煞車而前傾，就是「慣性定律」造成的現象。物理與生活息息相關，了解物理，觀看世界的眼光便會有所不同，亦能為日常平添更多樂趣。

　　相對論是時間、空間相關的革命性理論，也是現代物理學的重要基礎。不僅可以用來解釋許多物理現象，也能藉由計算來探討更加深奧的問題。

　　量子論發展至今近百年，深刻影響了眾多領域的發展，從電晶體、半導體，一直到量子化學、量子光學、量子計算……對高科技領域感興趣，就要具備對量子論的基本理解與素養。

　　相對論與量子論是20世紀物理學的重大革命，前者為宏觀、後者是微觀，但兩大理論同時使用會出現矛盾，於是就誕生了超弦理論 —— 或許可以解決宇宙萬物一切現象的終極理論。

東大教授親自傳授
文組輕鬆學機率

作者／日本Newton Press
翻譯／甘為治
編輯／蔣詩綺
發行人／周元白
出版者／人人出版股份有限公司
地址／231028 新北市新店區寶橋路235巷6弄6號7樓
電話／（02）2918-3366（代表號）
傳真／（02）2914-0000
網址／www.jjp.com.tw
郵政劃撥帳號／16402311 人人出版股份有限公司
製版印刷／長城製版印刷股份有限公司
電話／（02）2918-3366（代表號）
香港經銷商／一代匯集
電話／（852）2783-8102
第一版第一刷／2023年3月
定價／新台幣380元
　　　港幣127元

國家圖書館出版品預行編目（CIP）資料

東大教授親自傳授 文組輕鬆學機率
日本Newton Press作；甘為治翻譯. -- 第一版. --
新北市：人人出版股份有限公司, 2023.03
面； 公分.
ISBN 978-986-461-325-0（平裝）
1.CST：機率 2.CST：數理統計

319.1   112000881

TOKYODAIGAKU NO SENSEI DENJU
BUNKEI NO TAME NO METCHA
YASASHII KAKURITSU
© Newton Press 2021
Chinese translation rights in complex
characters arranged with Newton Press
through Japan UNI Agency, Inc., Tokyo
www.newtonpress.co.jp
●著作權所有·翻印必究●

Staff

Editorial Management	木村直之
Editorial Staff	井上達彦，宮川万穂
Cover Design	田久保純子

Illustration

表紙カバー	松井久美	83	Newton Press	212	松井久美
表紙	松井久美	84~88	松井久美	213	Newton Press
生徒と先生	松井久美	89	Newton Press	214~218	松井久美
4	Newton Press，松井久美	90	松井久美	222~223	Newton Press
5-8	松井久美	94~99	Newton Press	226	松井久美
9~11	Newton Press	100~110	松井久美	227	Newton Press
13~18	松井久美	111	Newton Press	228~232	松井久美
20~23	Newton Press	113~117	Newton Press，松井久美	233~236	Newton Press
25~29	松井久美	119~136	松井久美	237	松井久美
31	Newton Press	139	羽田野乃花	238~241	Newton Press
32	松井久美	140~147	松井久美	242~254	松井久美
34	Newton Press	151	岡田悠梨乃，松井久美	256	Newton Press
37	松井久美	152~155	松井久美	257~274	松井久美
39	Newton Press	156	Newton Press	275	Newton Press，松井久美
40~41	松井久美	161	松井久美	276	Newton Press
42~44	Newton Press	163	Newton Press	277	Newton Press，松井久美
45~47	松井久美	165	松井久美	280	Newton Press
49	松井久美	167	Newton Press，松井久美	281	松井久美
50	Newton Press	168~188	松井久美	282	Newton Press，松井久美
51~53	松井久美	189	Newton Press	283~285	松井久美
56	Newton Press	191~199	松井久美	286~287	Newton Press
57~59	松井久美	200	Newton Press	288~301	松井久美
60~62	Newton Press	201~226	松井久美	302~303	Newton Press，羽田野乃花
65~81	松井久美	211	Newton Press		